中国传统家具
榫卯结构

吕九芳

著

上海科学技术出版社

图书在版编目（CIP）数据

中国传统家具榫卯结构 / 吕九芳著 . —上海：上海
科学技术出版社，2024.3
ISBN 978-7-5478-2774-1

Ⅰ.①中… Ⅱ.①吕… Ⅲ.①木家具－结构－中国
Ⅳ.① TS664.101

中国版本图书馆 CIP 数据核字（2015）第 189724 号

中国传统家具榫卯结构

吕九芳 著

上海世纪出版（集团）有限公司
上海 科 学 技 术 出 版 社　出版、发行

（上海市闵行区号景路 159 弄 A 座 9F—10F）
邮政编码 201101　www.sstp.cn

浙江新华印刷技术有限公司印刷

开本 787×1092　1/16　印张 13.25　插页 4
字数 260 千字
2018 年 2 月第 1 版　2024 年 3 月第 8 次印刷
ISBN 978-7-5478-2774-1/TS · 171

定价：78.00 元

前言

▷ ▷ ▷

　　中国传统家具历久弥新，在几千年的历史长河中，创造了璀璨的文化，在东方家具体系中独树一帜，其精密而巧妙的榫卯结构是祖先传承给我们后代子孙的一笔巨大财富。每种榫卯结合方式都是我国古代能工巧匠的发明创造，是他们智慧的结晶。

　　榫卯工艺是中国传统家具特有的语言，早在 7 000 年前的河姆渡文明时期，榫卯就出现在原始居民的木结构房屋中；尤其是明代硬木材料开始在家具中运用，使得榫卯结构工艺的发展达到了前所未有的巅峰。能工巧匠们发明的不同方向上的榫卯嵌接穿插形式，使得木材在一年四季中由于气候水分的变化而带来干缩湿胀的应力在各个方向相互抵消，顺应了木材的天性，在复杂微妙的变化中达到动态平衡。这种精巧的接合形式，使得传承下来的古典家具历经几百年的岁月沧桑，均不散架，达到了结构与科学的完美统一。今天我们在博物馆中能看到明清时期传承下来的精美家具，让我们不得不赞叹古人所创造的高超榫卯技艺。

　　但令人遗憾的是，尽管硬木家具的制作技艺已被纳入国家非物质文化遗产，但由于传统榫卯结构复杂，对匠人的技艺要求很高，年轻一代不愿在此领域投入时间和精力来学习，而熟练掌握这门技艺的老前辈渐已陆续离世，在世的也多已过花甲之年。再加上现代木工机械的高效技术，很多传统榫卯被简化或被各类金属连接件代替，导致现代木工行业没有将传统榫卯制作技艺很好地传承下来，从某种意义上说，还带给传统榫卯制作技艺以前所未有的冲击。鉴于此，本书在前人研究的基础上，对中国几千年的榫卯结构做了一个较为全面的梳理，希望在现代化的进程中，做到传承有序，让古老的榫卯技术体现出泱泱大国的工匠精神，继续焕发出时代的魅力。

　　本书主要从以下六个方面对榫卯结构进行了梳理。第一章，中国传统家具

◁ ◁ ◁ --

榫卯结构的发展概况，力求从纵向的角度使读者对中国传统家具榫卯结构的发展有个清晰的认识。第二章，常见榫卯结构的释名及其制作工艺。在现代绝大多数木工技艺被机械代替的社会背景下，很多古人使用的优秀榫卯结合形式逐渐被现代人遗忘，故本章对常见榫卯名称及其制作工艺进行了较为全面的整理，通过文字和图片的形式加以呈现，希望未来的子孙在需要它们的时候能重新拾取，将古人的智慧传承下来；第三章，建筑榫卯结构与家具榫卯结构。家具榫卯结构和建筑榫卯结构一脉相承，研究它们之间的亲密关系，让读者更能理解榫卯结构是"木作"的精粹，是科学与技术的完美统一。第四章，中国传统榫卯结构在传统家具中的应用。使读者进一步加深对榫卯结构形式的理解，并做到合理运用。第五章，常见经典家具中的榫卯结合形式的分析。通过对经典家具款式的结构解读，让读者理解丰富而精巧的榫卯结构的科学内涵，做到知其然并知其所以然，在日后的传承中做到合理取舍。第六章，传统家具榫卯结构的现代演绎和发展。力求分析现代榫卯结合形式的利与弊，通过比较，将它们的优缺点辨析出来，让子孙后代参考借鉴。

本书对木工专业、家具设计专业的学生、专业的建筑设计师、家具设计师、室内设计师，以及古典家具收藏爱好者、现代红木家具消费者、生产厂家和商家都有很好的学习和参考价值。

最后，我在这里衷心感谢南京明孝陵博物馆观朴明式家具艺术馆馆长雷璞伟先生，他把多年来收集和整理的榫卯结构样式无私地奉献出来供我们研习，并对本书的内容提出了非常中肯的建议；还要感谢我的恩师张彬渊教授，是他不停的鞭策和指导才让我能静下心来，带着我的学生，对浩如烟海的资料进行分析，在此过程中去粗取精，汲取中国传统文化的精髓，使我们大家受益匪浅。此外，南京林业大学家居与工业设计学院的历届研究生、本科生，他们当中的很多同学都参与了本书资料的收集与整理，现在均已走上工作岗位，在此书的编撰过程中，我们结下了深厚的师生情谊，希望他们在生产岗位上能继续为本书资料的收集和完善提供宝贵的素材，为日后的修订打下更好的基础。

由于本人水平和精力的限制，错漏之处，敬请业内专家和读者批评指正。

吕九芳

2017 年 10 月 25 日于南京林业大学

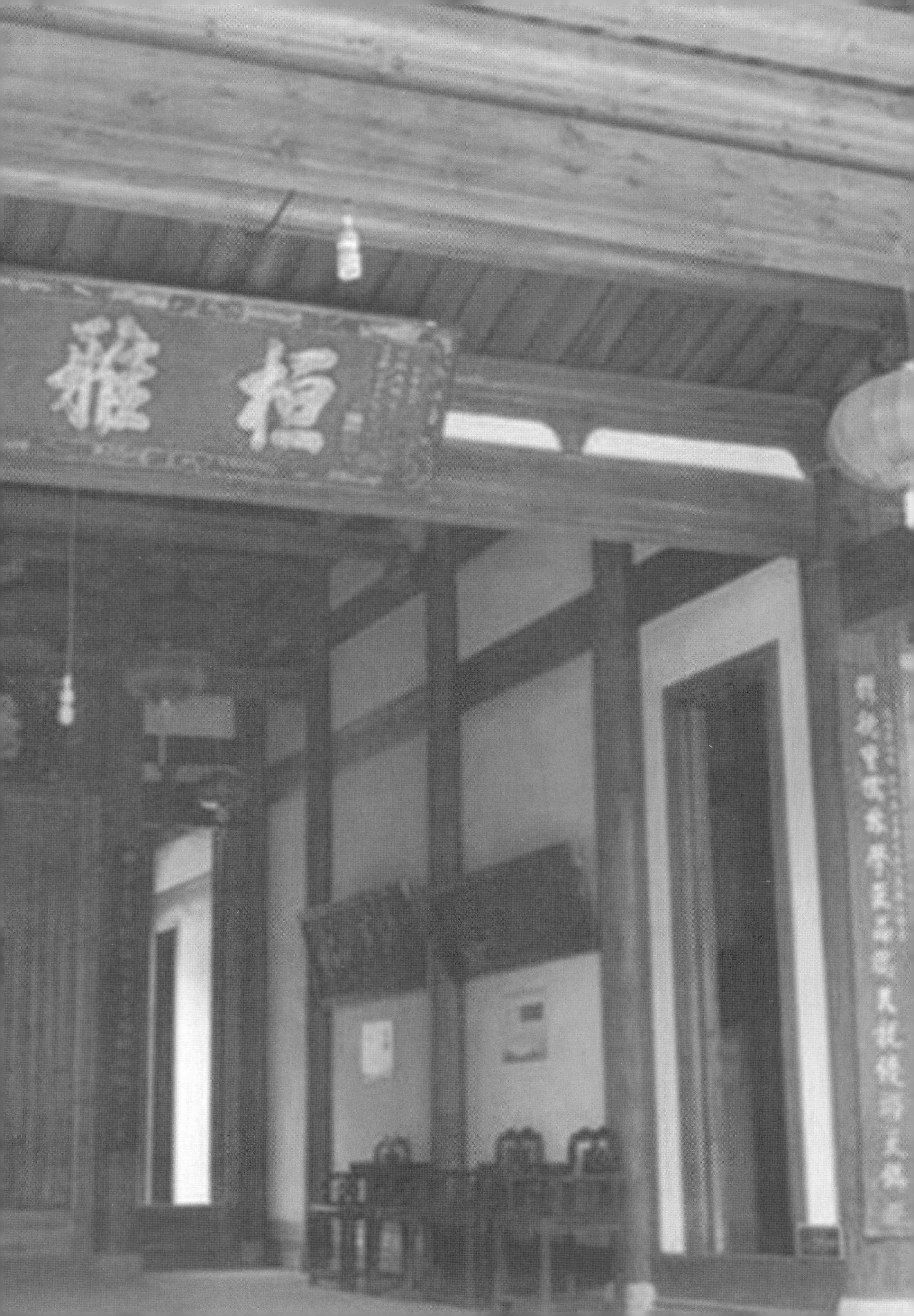

目录

▷ ▷ ▷

中国传统家具

榫卯结构

第五章
常见经典传统家具中的榫卯结合形式的分析 117

第六章
传统家具榫卯结构的现代演绎和发展   **141**

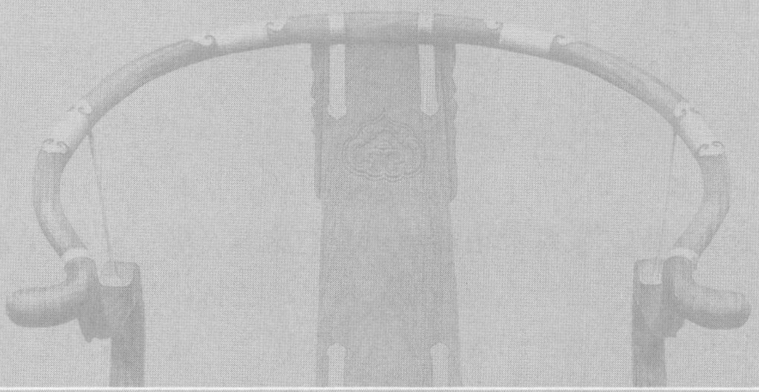

第一章

中国传统家具榫卯结构的发展概况

传统家具发展简史 一

中国传统家具的历史可上溯到新石器时代。从新石器时代到秦汉时期，受文化和生产力的限制，家具都很简陋。人们席地而坐，家具均较低矮。南北朝以后，高型家具渐多。至唐代，高型家具日趋流行，席地坐与垂足坐两种方式交替消长。至宋代，垂足坐的高型家具普及民间，成为人们起居作息用家具的主要形式。至此，中国传统家具的造型、结构基本定型。此后，随着社会经济、文化的发展，中国传统家具在工艺、造型、结构、装饰等方面日臻成熟，至明代而大放异彩，进入一个辉煌时期，并在世界家具史上占有重要地位。清代家具体量增大，注重雕饰而自成一格，榫卯结构正是贯穿于其间的灵魂。下面先就传统家具的发展稍作说明。

1 殷商西周时期家具（前 1600 年～前 771 年）

殷商西周是青铜器高度发达的时期，这一时期的家具主要是通过青铜器的形式展现在我们眼前。俎、禁是这一时期代表性的家具，其中饕餮蝉纹铜俎造型别致，纹饰精美，具有极高的艺术价值。1979 年河南出土的春秋晚期的青铜禁透雕蟠螭纹，工艺卓越。这些青铜器反映出这一时期青铜家具在铸造技术、实用、装饰方面都已达到较高的水平（图 1-1）。

图 1-1
辽宁义县出土商代青铜板式俎

1978~1980 年，中国社会科学考古研究所在陕西襄汾发掘了中国迄今为止最早的木制品。我们从器物痕迹和彩皮辨认出随葬品已有木制长方平盘、案俎等。这些木制家具表面多有彩绘：有的为单色红彩；有的以红彩为底，再绘彩色花纹，这些家具的出现为研究中国古代木家具填补了空白。在《诗经》《礼记》《左传》的记载中，这一时期的木家具已有床、几、扆（屏风）和箱等品种。商周时期虽然是以青铜家具为主，但也在一定程度上反映了商周时期人们的日常起居生活方式，同时还展现了商周时期的青铜工艺水平，具有重大的意义和社会价值。

2 春秋战国时期家具（前 770 年～前 221 年）

中国古代家具的发展过程，一直是以漆木家具为主。春秋战国时期，漆木家具处于快速发展时期，社会的繁荣推动了物质文化的发展，加上铁制工具的普及和髹漆工艺的发展，为漆木家具的发展提供了良好的基础。在此期间，木家具品种增多、质量提高，出现了如几、案、床类形体较大的框架结构家具，它们通常以榫卯连接。

漆案和漆几是春秋战国时期最具有代表性的家具，具有极高的实用性和装饰性，战国云纹漆平几（图 1-2）和河南信阳出土的金银彩绘漆案都是这类家具的典范。战国的漆几用三块木板合成，两侧立板构成几足，中设平板横置，常用榫接合，而这种接合方式也为中国古代后期的家具连接方式奠定了基础。

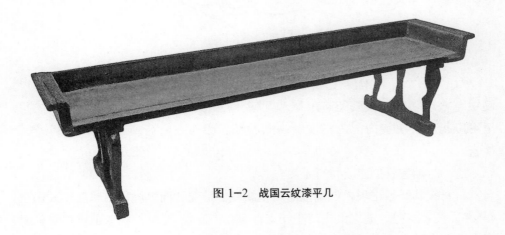

图 1-2　战国云纹漆平几

春秋战国时期常用的榫接形式有十字搭接榫、闭口贯通榫、闭口不贯通榫、开口不贯通榫、明燕尾榫等。如信阳楚墓出土的大木床、雕花漆几、木俎等，在足与框架、足与案面、屉板木梁与边框、围栏矮柱与床框之间的连接，就采用了以上各种榫接方法，接合牢固，外形美观。几、案类家具的足底，常加一根横木，称为"栒"（"栒"：通"跗"，为家具之足），它既能支承和固定器足，又能保护器足。这些结构经历代不断改进、发展，形成中国传统家具的重要特征，并沿用至今。

3 秦汉时期家具（前 221 年～ 220 年）

中国古代社会在进入秦汉后，出现了另一个繁盛的时期，由于国家的统一、文化的融合，人们的起居也随之有了一定的变化。此时，漆木家具进入了全盛时期，不仅数量大、种类多，而且装饰工艺也有较大的发展。家具的改变在汉代尤为明显，汉代出现了"坐榻"，与席地而坐形成了汉代主要"坐"的方式（图 1-3），为中国古代家具史开辟了新的篇章。

图 1-3
汉墓画像砖《宴饮图》

"榻"这个名称至汉代才出现，汉代的榻尺寸较小，一般供一人使用。与汉榻有密切联系的家具还有屏风和几案。这些家具的结构十分精巧，有的甚至可以折叠；在装饰上色彩富丽，以黑底红漆为主，花纹图案有动感，气势恢宏。

这一时期家具的主要特点是：

（1）家具开始出现由低矮型向高型演变的端倪。西汉时，由印度传入榻登。《释名》注："榻登，施之大床前小榻上，登以上床也。"既然在床前设榻登上床，那么说明床的高度有所增高。又据《太平御览》记载："灵帝好胡床。"胡床是西北游牧民族的一种可折叠的轻便坐具，坐时垂足。由席地坐演进为垂足坐，是家具史上的一大变革。

（2）出现软垫。《西京杂记》中记述，汉时天子的玉几上冬天会添加丝绵织物，大臣的木几上则加用橐（毛毡缝制的口袋）。这是最早出现的软垫。

（3）制作家具的材料较为广泛。除木材外，还有金属、竹、玻璃、玉石等。

4 魏晋南北朝时期家具（220 年～ 589 年）

魏晋南北朝时期是中国历史上的一次民族大融合时期，各民族之间文化、经济的交流对家具的发展起了促进作用。这时，人们生活必需的家具，既有继承了传统的品种和式样的家具，又有来自西域的家具，使得魏晋南北朝形成了一种多元家具的局面。此时新出现的家具主要有扶手椅、束腰圆凳、方凳、圆案、长杌、橱，并有笥、篋（箱）等竹藤家具。胡床、绳床等家具也广为流传，床已明显增高，可以跂床垂足，并加了床顶、床帐和可拆卸的多折多牒围屏。坐类家具品种的增多，反映垂足坐已渐推广，促使家具向高型发展。中国家具在继承传统和吸收外来风格的过程中，又展现出了新的风貌（图1-4）。

5 隋唐五代时期家具（581 年～ 960 年）

隋唐五代时期是中国封建社会又一次高度发展时期。

唐代在手工业极其发达和社会文化氛围高涨的情况下，物质文明和精神文明都得到了空前发展，也使得中国家具进入了崭新的时代——除了人们由席地坐变为垂足坐而使得椅子和高桌出现外，中国家具也一改六朝前的面貌，在装饰风格上变得流畅柔美、雍容华贵。

唐代时期最具代表性的家具是月牙凳，造型新巧别致，装饰华丽精美（图1-5）。唐人竭尽全力对其进行美化，就连凳腿也雕得花团锦簇；两腿之间又饰以彩穗，可谓精美绝伦。虽然依旧是四条腿的坐具，但是月牙凳与北魏时期的方凳完全不同。

唐代垂足而坐的生活方式使得椅子和凳成为主要的坐具。当时的椅子从造型上看有扶手椅、圈椅、宝座，从材质上看，有竹椅、漆木椅、树根椅等。另

外，唐代也出现了花几、脚凳子、长凳、高桌等新的品种。

至五代时，家具造型开始崇尚朴实无华、简洁大方。这种朴素内在美取代了唐代家具刻意追求的繁缛修饰，为宋式家具风格的形成树立了典范。根据《韩熙载夜宴图》（图1-6）可以看出，五代的家具品种已经十分完善，有凳、椅、桌、几、榻、床、屏风等。五代时期的绘画作品对于我们研究这个时期的家具有着巨大的帮助，从中可以看出壶门结构已经逐渐确立了自己的地位。

图1-5　唐代周昉的《宫乐图》（局部）中的月牙凳

图1-6　《韩熙载夜宴图》（局部）中的家具形态

隋唐五代时期，家具发展有两个主要特点：

（1）家具进一步向高型发展，表现在坐类家具品种增多及桌的出现。《通雅》记载："倚卓（椅桌）之名见于唐宋。"六朝已有椅凳，唐代更趋流行，几、案高度皆以坐面为基准，坐具既高，那么桌的出现势为必然。家具高型化又对居室高度及器物尺寸和造型装饰产生一系列影响。

（2）家具向成套化发展，种类增多，并可按使用功能分类。大致可分为：坐卧类，如凳、椅、墩、床、榻等；凭倚、承物类，如几、案、桌等；贮藏类，如柜、箱、笥等；架具类，如衣架、巾架等；其他还有屏风等。五代画家顾闳中在《韩熙载夜宴图》中就描绘了成套家具在室内陈设、使用的情形。

6 宋元时期家具（960年～1368年）

宋元时期商品经济的发达与文化的发展，使中国的物质文明和精神文明又一次得到了提升。

在传统手工业方面，宋代的成就极其卓越，宋代家具也焕发了一种全新的光彩，宋代是中国家具承前启后的重要发展时期。首先是垂足而坐的椅、凳等高型坐具已普及民间，结束了几千年来席地而坐的习俗；其次是家具结构确立了以框架结构为基本形式；第三是家具在室内的布置有了一定的陈设格局。宋代家具正是在继承和探索中逐渐形成了自己的风格，以造型淳朴纤秀、结构合理精细为主要特征（图1-7）。在结构上，壸门结构已被框架结构所代替；家具

图1-7　宋《听琴图》（局部）

腿型断面多呈圆形或方形，构件之间大量采用格角榫、闭口不贯通榫等接合形式；柜、桌等较大的平面构件，常采用"攒边"的做法，即将薄心板贯以穿带嵌入四边边框中，四角用格角榫攒起来，不但顺应了木材干缩湿胀的特性，而且还起到装饰作用。此外，宋代家具还重视外形尺寸和结构与人体的关系，工艺严谨，造型优美，使用方便。家具种类有开光鼓墩、交椅、高几、琴桌、炕桌、盆架、座地檠（落地灯架）、带抽屉的桌子、镜台等，各类家具还派生出不同款式。宋代甚至出现了中国最早的组合家具，称为燕几。

元代家具依旧沿着宋代的轨迹发展，家具品种更加丰富。元代家具的木工工艺也取得了新的成就，不管是部件结构的组合方式，还是装饰件的设计安排，都体现了木工制作高度的科学性，已经可以以合理的形式构造来表达人们对居室家具的审美需求。

7 明代家具（1368 年～1644 年）

明代家具是在宋、元家具的基础上发展成熟的，它精湛的技艺和完美的造型把中国传统家具的发展推向了高峰。明代皇帝采取了一系列恢复政治经济的措施，使生产力有了很大的提高，并且出现了资本主义生产方式的萌芽，加上许多文人墨客更是专注于对家具设计的探求，尤其是对家具生产及工艺的探索和深究，使得家具手工业得到了空前的繁荣与发展。

郑和下西洋为明代带回了许多珍贵的木材，这就为明代家具的发展提供了物质条件，且大量宅第园林的修建也带来了社会的需求，从而刺激了明代家具的快速发展，形成了最有代表性的民族风格"明式"。明式家具的品种十分丰富，主要有凳椅类、桌案类、橱柜类、床榻类、台屏几架类等。明式家具用材讲究，多用花梨、紫檀、鸡翅、铁梨等硬木，也采用楠木、樟木、胡桃木、榆木及其他柴木，其中花梨中的黄花梨木最被推崇。这些木材色泽柔和、纹理清晰，坚硬而又富有弹性，对家具的造型结构、艺术效果有很大的影响，做出的家具造型简练、挺拔而轻巧。为了彰显木材本身的天然色泽纹理，明式家具很少施以髹漆，仅仅擦上透明蜡。总而言之，选材是明式家具设计意匠的重要组成部分。

明代是我国古代建筑与园林非常兴盛的时期。当时上至皇宫官邸，下到商贾士绅都大兴土木建造豪宅与园林，而这些都是需要家具来配套与装饰点缀的，因此，客观的需求极大地刺激了家具业的发展。明代历任皇帝不仅重视家具，甚至还有亲自制作家具的皇帝，据说他们的技艺甚至超过御用工匠。另外，明代的园林遍布江南，据《苏州府志》记载，苏州在明代共建有园林 271 处，这些都需要珍贵的高档次家具来布置与陈设。

造就明代家具辉煌成就的，还有一个极其重要的因素，那就是文人的参与。例如，我们从唐寅的临本《韩熙载夜宴图》中可以发现，他在画中增绘了 20 余件家具，这充分说明了文人对家具的特殊兴趣。又如明代文人文震亨在其编写的《长物志》中，就对宅院中的各种家具，如床、榻、架、屏风、禅椅、脚凳、橱、弥勒榻等，都依据文人的情趣与审美观念进行了评述。正因为有了文人的热心参与，才孕育了明代家具丰富深刻的文化底蕴。

明式家具制作工艺精细、结构科学合理，全部采用精密巧妙的榫卯接合部件，大平板则以攒边方法嵌入边框槽内，使木材顺应天气冷热干湿变化。高低宽狭的比例或以适用、美观为出发点，或有助于纠正不合礼仪的身姿坐态。另外，明式家具装饰适度、繁简相宜，大多以素面为主，局部饰以小面积浅雕或透雕，以繁衬简，朴素而典雅，精美而不繁缛。通体轮廓及装饰部件的轮廓追求"方中有圆、圆中有方"，以及用线的一气贯通而又有小的曲折变化。家具线条遒劲有力，家具整体的长、宽和高，整体与局部，局部与局部的权衡比例都非常适宜（图1-8、图1-9）。

图1-8　黄花梨六螭捧寿纹玫瑰椅　　　　图1-9　黄花梨螭纹圈椅

8 清代家具（1616年～1911年）

清代家具继承了明代家具采用优质硬木的传统，但同时它又因受到外来文化的影响，形成了绚丽、豪华与繁缛的时代风格。

清代家具的发展，可以分为三个阶段：首先是清初期，统治阶级为了尽快巩固政治地位，促使国家经济得到恢复与发展，在许多方面都继承了明代传统，其中家具制造也不例外，这一时期的家具基本保持了明式家具的风格；其次是雍正嘉庆年间，这一时期是清代家具发展的鼎盛时期，也是清代历史上国力兴盛的时期，家具生产在明式家具的基础上走出了自己的模式，尤其是乾隆时期，家具生产更是步入了高峰，其风格反映了当时强盛的国势与向上的民风，世称"乾隆工"，为后世留下了大量珍品，被视为典型的清式风格。第三是鸦片战争后，由于外国资本主义的侵入，西方的家具文化不断涌入，使传统的家具风格受到了猛烈的冲击，从而使强盛的清代家具走向衰退期，与此同时，也出现了一些中西合璧的作品。

　　清代家具多结合厅堂、卧室、书斋等不同居室进行设计，分类详尽，功能明确。其主要特征是：造型庄重，雕饰繁缛，体量宽大，气度宏伟，脱离了宋、明以来家具秀丽实用的淳朴气质，形成了清代家具自己的风格。全国形成了三大制作中心，分别是以苏州为代表的苏作，以广州为代表的广作，以北京为代表的京作。清代苏作大体师承明式家具特点（图1-10、图1-11）。

图 1-10
清式宝座

图 1-11
清式罗汉床

总体看来，家具到了清代造型已趋向笨重，并一味追求富丽华贵，而由于繁缛的雕饰破坏了造型的整体感，因此触感也不好。而在民间，家具仍沿袭"明式"风格，保留了朴实简洁的特征。根据学者们的研究，清代家具工于用榫，不求表面装饰；京作重蜡工，以弓镂空，长于用鳔；广作重雕工，讲求雕刻装饰。装饰方法有木雕和镶嵌：木雕分为线雕（阳刻、阴刻）、浅浮雕、深浮雕、透雕、圆雕、漆雕（剔犀、剔红）；镶嵌有螺钿、木、石、骨、竹、象牙、玉石、珐琅、玻璃，以及镶金、银，安金属饰件等。装饰图案多用象征吉祥如意、多子多福、延年益寿、官运亨通之类的花草、人物、鸟兽等。家具构件常兼有装饰作用，如在长边短抹、直横档、牙板腿足上加以雕饰；或用吉字花、古钱币造型的构件代替短柱矮老。特别是腿型变化最多，除方直腿、圆柱腿、方圆腿外，还有三弯如意腿、竹节腿等；腿的中端或束腰或无束腰，或加凸出的雕刻花形、兽首；足端有兽爪、马蹄、如意头、卷叶、踏珠、内翻、外翻、镶铜套等。束腰变化有高有低，有的加鱼门洞、加线；侧腿间有透雕花牙挡板等。

二　传统家具榫卯结构的发展概况

历史上最早出现榫卯结构的地区是六七千年前的河姆渡地区。河姆渡遗址保存的干栏式木构建筑遗迹（图1-12）中，带有榫卯的木构件很多。对此，古代文献中也多有"构木为巢，以避群害""上者为巢，下者营窟"的记载。其榫卯大致可以分为六种：柱头和柱脚的榫卯、平身柱与梁枋交接榫卯、转角柱榫卯、受拉杆件带销钉孔的榫卯、栏杆榫卯、企口板。其中，企口板是重大发明，后世一直沿用并有所发展。这时的木构建筑节点还处在榫卯和绑扎相结合的阶段（绳结合自半坡即有），且榫卯一般是垂直相交的。这种榫卯技术同样应用在当时出土的木制工具上，如器把、小棒、带榫小方木等。从这些精致的榫卯结合来看，当时无疑是使用了石凿或骨凿的。作为早在新石器时代就已存在的穿剔工具，它是河姆渡榫卯技术发展的前提。

图1-12　干栏式木构建筑遗迹

1 河姆渡时期的榫卯结构

榫卯结构被应用于房屋建筑后，虽然每个构件都比较单薄，但是其整体上却能承受巨大的压力。这种结构不在于个体的强大，而在于互相结合、互相支撑，正是这种结构成了后代建筑和中式家具的基本模式。

房子单幢建筑纵向有六七间，跨度达五六米，底层架空用木楼板，木构件按照不同的用途加工成桩、柱、梁板，它们之间的接合用的是榫卯结构。考古发现，六七千年前的河姆渡的木屋是这样的：屋子离地面有 1 米左右，搭在小桩和龙骨上，小桩埋得很深，达 1.5 米左右。龙骨大多是方形的，在龙骨上面铺上地板。地板厚有 10 厘米左右，每段 1 米左右，上面留有榫卯的痕迹。有的屋前还有小走廊，相当于现在的阳台。立柱之上的接合部一般常见柱头榫和管脚榫；立柱和横梁之间常用梁头榫；一根立柱和有夹角的两横梁的接合常用燕尾榫；板和板之间接合一般用企口榫；栏杆一般是应用管头榫下部和上部的横木接合。地板有 10 厘米厚，踩上去一定很结实。长屋的前檐有走廊，围着屋子的是木栏杆。发掘中，人们发现适合加工木器的工具只有短小的石斧。

河姆渡出土木构件中除桩木、长圆木和木板外，还发现不少带凹槽及顶端带杈的木构件，表明许多复杂的节点仍然使用捆扎的方法。但在一些垂直相交的节点处已采用榫卯工艺，堪称我国木构建筑史上的奇迹，对中国古典建筑的影响深远。河姆渡遗址共出土带有榫卯的木构件有上百件，都是垂直相交的榫卯。归纳起来榫头的类型有梁头榫、柱脚榫、燕尾榫、双凸榫、柱头刀形榫、双叉榫等。其中有两件榫头截面长宽比例为 4:1，符合受力要求，结构科学，被后世称为"经验截面"。另有一件带有销钉孔的榫，榫头中部凿一直径 3 厘米的小圆孔，用以安插销钉，目的是为了防止构件受拉后脱榫，从中反映出当时木构技术已相当成熟，连系梁、柱等的节点构造已较妥善。

卯孔是与榫头交互配合使用的。河姆渡的卯主要见于较粗壮的木柱等构件上，如一根带榫木柱，在榫头下 20 厘米处两面对凿出长 9 厘米、宽 7 厘米的长方形卯孔，这种卯孔可以在其两侧插入横梁或枋木的榫头，是后世所称"平身柱"的鼻祖。另外还见到在一根圆立柱的同一高度处开凿出两个互成直角的长 11 厘米、宽 6 厘米的卯孔，是连接两个垂直的横向梁枋构件的转角立柱。此外，还出土一段方木，上面等距挖凿出长 4 厘米、宽 3.5 厘米、深 1.5 厘米的卯眼，是插入直棂栏杆所用的构件。

总之，河姆渡人使用的榫卯构件制作已相当精巧，结构也相当科学，并能根据构件的不同受力情况进行相应处理。其榫卯形式基本上符合受力的要求，有些甚至与晚期所见木构件相同，只是加工较为粗糙而已（图 1-13）。

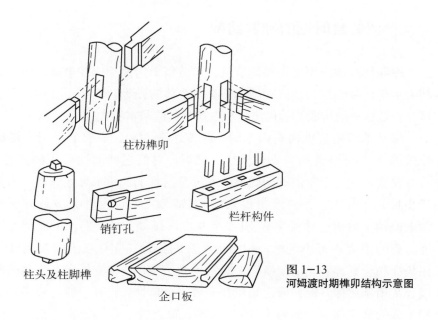

柱枋榫卯

销钉孔

栏杆构件

柱头及柱脚榫

企口板

图 1-13
河姆渡时期榫卯结构示意图

2 夏至秦汉时期的榫卯结构

　　我国夏时已有了专业的木工，金属工具如青铜斧、锛、凿的使用加快了木材加工技术的进步。商、周的生活方式是席地而坐，当时已出现了一定数量的矮型家具，其特点是：造型古朴，用料粗壮，漆饰单纯，纹饰拙犷。这期间榫卯有了一定的发展，开中国之先河，并为后世榫卯的大发展奠定了基础。

　　到了春秋战国时期，细木工接合工艺有榫接合、胶接合和金属缔固物接合，间或以捆缚接合作为辅助手段。那时期的家具是将木料在简单加工后拼合形成的。现代细木工六种主要接合方法是：绑扎接合、榫接合、胶接合、金属缔固物接合、钉接合和螺钉接合，前四种在战国以前就被采用了，木业制作已有了斧、锯、凿、铲等工具，测量也有了规矩准绳。燕尾榫、凹凸榫、割肩榫结构在家具中已有运用。战国的榫接合方法主要有十四种：直榫、半直榫、鸠尾榫、半鸠尾榫、圆榫、端榫、嵌榫、嵌条、蝶榫、半蝶榫、宽槽接合和窄槽接合、

图 1-14
曾侯乙墓出土衣箱

切斜加半直榫接合、双缺接合。战国时期（前 475 年～前 221 年）的主流家具是漆家具。1978 年在湖北曾侯乙墓出土的衣箱（图 1-14）已采用框架结构和榫卯连接，四壁以榫卯扣合，在壁板的上、下边内缘各凿出凹槽，以容纳盖板和底板，为使盖板易于抽动，还在一块挡板的上边留出缺口。

图 1-15 是湖北当阳赵巷出土的春秋漆俎榫卯图，俎面雕饰着非常精美的花纹，俎面下的两端各有腿，均是采用榫卯结构，既美观又牢固。这些出土的漆木家具，在地下埋藏了 2 000 多年，出土时依然保留其当年的风采，实在令人惊愕与叹服，无法不赞叹中国的榫卯结构具有如此强大的生命力。

从汉代出土的木制文物，可以看出当时有比较发达的榫接合。河北阳原三汾沟汉墓中出土的木椁呈长方形，长 3.5 米，宽 2 米。三壁用木板或圆木垒砌而成；洞室口用立木插封，构成椁的另一壁，椁壁四角衔接处用榫卯接合。椁底板的棺板用松、柏木制成。棺板之间用细腰银锭形榫接合（图 1-16）。西汉满城墓中出土的帐钩，伴有很多铜质构件的出土，它们原是组装起来的帷帐的零件，有的呈圆形，有的呈方形或长方形。

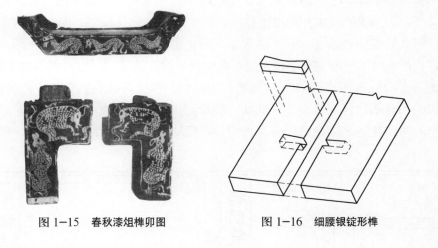

图 1-15　春秋漆俎榫卯图　　　　图 1-16　细腰银锭形榫

3 魏晋南北朝至唐宋时期的榫卯结构

魏晋南北朝时期人们的起居方式开始变化。在新的思潮和习俗的影响下出现了一些新的家具和用具。在朝阳袁台子东晋壁画墓中，发现有铜帐角。从南朝墓中发现的帐架结构也可以看出，当时金属缔固物接合之法仍很习见。

隋唐至五代的扶手椅作为官帽椅的雏形大有发展。外来扶手靠背椅受中国木框架建筑结构的影响，扶手靠背椅整体采用木架形式制作，以榫卯结构连接彼此，不易变形；椅腿采用"收分"技术，出现侧脚，比较牢固；靠背上端的搭脑，受"栌斗"（即斗拱）技术的影响，中间略向上凸起，枕木两头微向上勾卷，呈现小"斗拱"的形式。江苏五代墓出土的一件足尺木榻，除用铁钉外，还有一些榫卯做法。其榻面大边与抹头的交接处采用简化的45°格角榫，说明格角榫的做法在五代时就有应用。抹头由两根木料拼接而成，即将两处L形的木料在端头搭接起来。托撑与大边的边接，七根十四处皆用暗榫。其做法是上部裁口，下部留榫。牙板与脚连接处做成类似插肩榫的样子，但实际只用铁钉钉在大边上。侧枨与腿交接处采用暗榫形式。叶茂台辽墓中的棺床小帐，帐身合板板缝拼合多为直缝造，带胶并用板栓两支。小帐各构件接合方法多样，主要有：①榫卯接合。如入平柱侧脚均用双卯，两卯又不同，在外侧者为露卯，内侧者为阴卯。脚柱还根据侧脚45°合角造的特点，双卯作对角排列，成为现代木工所说的达步卯。再如，板材入方材处均开齿槽镶入，方材与方材垂直搭接开槽口，侧斜搭接者开槽齿。其中，阑额和压槽方纵横相交时阴阳槽口互相绞割，成为绞井口，并各出绞头。这种绞井口的接合方式，使阑额和压槽方者构成一个环闭的整体，相当于近代的圈梁。此外，帐身板、屋面板各板缝间的边接，压脊与脊缚间的边接均用木板栓。后檐当心帐身板正中一缝用圆栓，单斗与阑额接合所用木栓上圆下扁。②钉接合。一般用竹钉，钉身或圆或方，还有的为粗糙棱体。钉合时先钻孔，孔径略小。小帐构件钉合多用竹钉，屋面板与叉子伏、角伏的钉接合则用铁钉。

宋代的榫卯技术在《营造法式》一书中也有反映。宋式建筑有侧脚、生起等，构件有时不可能完全严丝合缝，此时就需要在安装过程中对榫卯加以校核，称为"安勘"；同时，对榫卯结构进行"绞割"以使其能安装合缝、榫卯紧密。宋代的家具实物保存极少，只能从一些绘画中可以看到当时家具的情况：垂足而坐的椅、凳等高脚坐具已普及民间；壶门结构已被框架结构所代替，家具腿

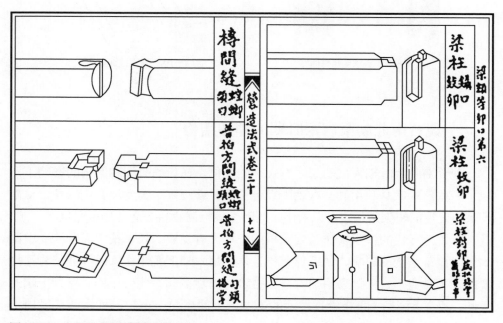

图1-17 宋代家具榫卯结构示意图

型断面多呈圆形或方形，构件之间大量采用格角榫、闭口不贯通榫等榫卯接合；柜、桌等较大的平面构件，常采用"攒边"的做法，即将薄心板贯以穿带嵌入四边边框中，四角用格角榫攒起来，不仅可降低木材收缩对家具的影响，而且还有很好的装饰作用。

4 元明清时期的榫卯结构

元代家具的形式以豪放、简洁为特征。其结构方式的变化一是桌面下的拉枨（霸王枨）（图1-18），以直线浑面或是马鞍形曲线进行拉接的形式得到完善；二是桌面下的束腰开始出现并且定型，束腰连接直榫和45°棕角结构也开始完善。

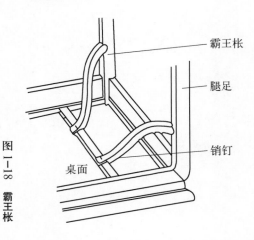

霸王枨

腿足

销钉

桌面

图1-18 霸王枨

明代家具的用材，有硬木和柴木两大类。用料适中，还有一些家具构件尺寸略为粗大。卯鞘、拉枨用料结构定型和完善。双面、三面棱角形式的卯鞘及搭接棱角卯鞘和各种起线形式交错运用，达到很高的水平。明式家具的榫卯结构种类大致可分为：格角榫、棕角榫、明榫、闷榫、通榫、半榫、抱肩榫、托角榫、长短榫、勾挂榫、燕尾榫、走马榫、盖头榫、独出榫、穿鼻榫、马口榫、独个榫、套榫、穿榫、穿楔、挂楔等。

清代家具在结构上承袭了明代家具的榫卯结构，充分发挥了插销挂榫的特点，各种形状的皮条线、坡线、圆线、花线等和棱角结构的穿插咬合更是变化多端，制作技艺精良、一丝不苟。

清代以后，框架结构和榫卯结构日渐完善，继而出现了刨槽装入镶板的结构。这种结构，又进一步地发展了榫卯结构的组合形式。民间制作家具时，一般会看木匠的榫卯做得好不好。木匠为达到榫卯的严丝合缝，在组合框架时，需要将木框刨槽装入镶板，榫卯的大小尺度俗有"遇到做槽减三分，遇到凳板低三分"，且刨槽还不能影响榫卯的大小。装入门面内的镶板、装入四周每个面的镶板、装入框架内的凳板，均要松紧适度、经久耐用。

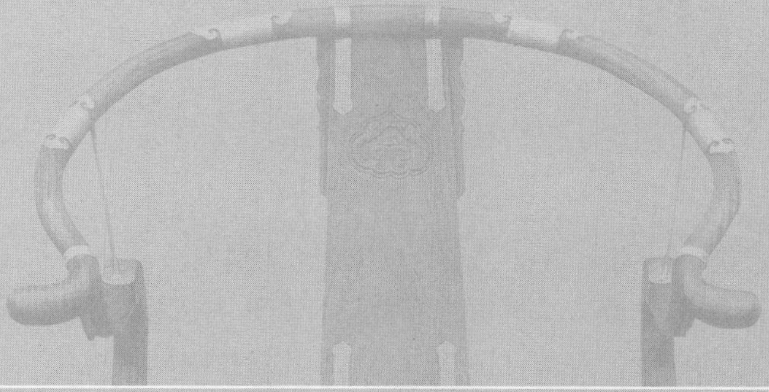

中国传统家具
榫卯结构

第二章

常见榫卯结构的释名及其制作工艺

《集韵》："榫，剡木入窍也。"又："卯，事之制也。"

榫卯，读作 sǔn mǎo，榫卯结构是实木家具中在相连接的两个构件上采用的一种凹凸处理的接合方式（图2-1）。凸出部分叫榫（或榫头）；凹进部分叫卯（或榫眼、榫槽）。这种形式在我国传统家具中达到很高的技艺水平，同时也常见于其他木、竹、石制的器物中。

榫卯结合，凿本工具，或指凿操作的动作。《庄子·天下》："凿不围枘。"《玉篇》："枘，柄枘。"《集韵》："枘，刻木端所以入凿。"《事物绀珠·器用》："枘，音芮，凿柄端。"故凿柄称为"凿枘"。古代借以称榫为枘，称凿为卯。榫也称笋。《史记·孟荀列传》："持方枘欲内圆凿，其能入乎？"《史记索隐》云："方柄是榫也，圆凿是孔也，谓工人斲木，以方笋而内之圆孔，不可入也。"《考工记·轮人》："量其凿深，以为轮广。"因此榫卯又合称"凿枘"，也即"圆凿方枘"的略语。

《文选》中东晋干宝的《晋纪总论》："如室斯构，而去其凿契……"。凿契也作凿楔，盖指卯眼、榫头。《六书故》："儒税切，木之相入，牝为凿，牡为枘，凿空为凿，入空为枘。《淮南子》借用枘，又音讷。"《正字通》："枘以入凿，其象牡；凿以受枘，其象牝。今俗犹云公母榫。"剡木入柄曰榫，俗曰榫头；受榫之孔曰卯，俗曰卯眼。明周坼《名义考·地部·榫卯》："枘凿者，榫卯也。榫卯员则员，榫卯方则方……今俗犹云公母榫。"《伊川语录》："枘凿者，榫卯也。"可见榫卯是唐宋以后的称法。

图2-1　榫卯

榫卯结构的基本构成

榫卯结构大致有以下结构：

（1）榫：器物两部分利用凹凸相接的凸出的部分。

（2）榫头：竹、木、石制器物或构件上利用凹凸方式相接处凸出的部分。

（3）榫卯（榫头和卯眼）：框架结构两个或两个以上部分的接合处。

（4）榫销：插入榫上销孔中的销。

（5）榫眼：榫枘相接处为容纳枘而凿出的窟窿，即器物咬合的凹下部分。

（6）榫凿：用来凿切榫眼的凿子。

（7）榫接合：榫头压入榫眼、榫孔、榫沟或槽槽的接合。

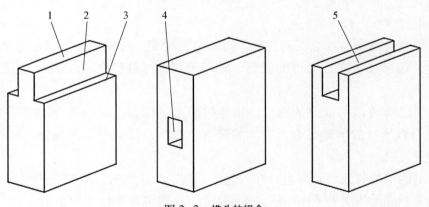

图 2-2　榫头的组合

1—榫端；2—榫颊；3—榫肩；4—榫眼；5—榫槽

　　我国家具把各个部件连接起来的"榫卯"做法，是家具造型的主要结构方式。各种榫卯的做法不同、应用范围不同，但它们在每件家具上都具有形体构造的"关节"作用。出于美观和讲究，硬木家具在制作工艺上有几条要求：一是在家具表面不允许露出木材的横断面，不能看见透榫（个别处有例外）；二是木料之间的连接不允许用钉子；三是所有拼缝、接缝要严密，不允许刮腻子。

　　家具的榫卯结构是家具各个部件之间的连接方式，大体上可以分为四大类：

　　第一类是面板连接。面板是一个面的构成，即用大边、抹头围成一个方框，然后在框内嵌薄木板。一般采用"龙凤榫加穿带"工艺，即将数块薄木板拼成大板，然后将板心嵌入方框。圆形面板、海棠式、梅花式等面板，也是用多块木料"攒边打槽装板心"。

　　第二类是面与面之间的连接，可以是两个面的连接，也可以是两个边的拼合，还可以是面板与边的接合。常用槽口榫、企口榫、燕尾榫、穿带榫、札榫等。

　　第三类可以看成点的连接，横竖材的丁字结合、成角结合、交叉结合、直材与弧形材的伸延结合。常用格肩榫、双榫、双夹榫、勾挂榫、楔钉榫、半榫等。

　　第四类是将三个构件组合在一起，构成三个平面的直角相交的结构方法。除因地制宜地使用上述榫卯外，还要采用一些很复杂和特殊的榫卯结构，如常用托角榫、长短榫、抱肩榫、棕角榫等，靠构件相互间的阴阳咬合来连接构件的方法。河姆渡遗址中发现的榫卯有燕尾榫和企口榫等多种形式。不同类型的榫卯被用于受力不同的构件上。我国古代一些技术高超的工匠可以不用外加铁钉等辅助连接方式，完全靠榫卯就能连接众多木构件，盖起体量巨大的建筑。榫卯技术充分体现了我国先民卓越的创造力，它不但是日后成熟的中国古代木构建筑体系的技术关键，也是这一体系区别于世界其他古代建筑体系的重要特点所在。

四 榫卯结构的制作工具演变

关于制榫的工具，河姆渡人用石斧、石锛、石凿、石楔及骨（角）凿、木棒、木槌等几种；尤其是我们的祖先把石楔镶于木棒上形成锯齿状，将之运用于锯磨木料或是做企口槽板的拼接。这是木材加工技术的一大发明，也是推动中国家具结构方式形成的前奏曲。在新石器时代，只用斧、凿即可加工；木构件横竖咬合，板与板相拼采用企口衔接的形式，家具的挖磨、捆绑形式或支撑形式在这个时期都已开始出现。

历史上早期家具和木器在人们的观念中几乎是同义词。木工对木器的制作，如建筑、家具、农具、纺织车、车船、棺椁等大多是兼做的。河北藁城及北京平谷两处商遗址中各发现一件其刃部是利用天然陨铁锻打而成的像大斧样的铁刃铜钺。铁制工具的进步，使夏商有了陆路木制的马车出现。

春秋战国时期，木工工具出现质的变革。营造器具的使用和各个工种的分化，产生了规、矩、悬、水平、绳索等测量器。营造器具使用的钻、斧、铲等工具开始较齐全并完善。量具已有，以锥定点，执线画圆的称规；以"方五斜七"，带斜度固定的方尺称矩；以线锤执线测定垂直的称悬；在平底木槽内盛以水，上漂长条可观察地面和上枋做檩的平整高低，这种工具称水平；用于着色弹线的绳和木罐称墨斗。这些营造器具的使用，使家具的木结构开始由挖磨、捆绑逐渐变换形态。春秋时期出现著名的木工祖师鲁班，相传木工用的锯、钻、刨、墨斗、曲尺等工具都是他发明的。北宋时除原有的木工工具外，还出现了框架锯和与之配套的平木铲。锯（包括部分刀锯）被发明后，由于其断截准确，所以替代了斧在制作榫卯方面的作用，和凿配合使用沿用至今。明代中叶，木工工具的家族中增添了极为重要的一支，那就是刨类。在文献的记载中，刨的名称最早出现在明代梅膺祚的《字汇》："刨，正木器也。刨，削同。"继而见于明代张自烈的《正字通》："刨，正木器。铁刃状如铲，衔木匡中，不令转动。木匡有孔，旁两小柄，以手反复推之，木片从孔出，用捷于铲。"如果说框架锯的出现，使人们最终摆脱了自史前就开始用楔破木的繁重而困难的劳作，那么刨的发明又使木工摆脱了另一项困难的劳作，那就是自史前时期开始使用的石扁铲平木，后改为金属的鐁乃至平木铲进行的平木劳动，从而极大地提高了工作效率和产品质量。刨有很多类型，如推刨、起线刨、蜈蚣刨等，它与明式的硬木家具生产的高潮几乎是同步的，值得我们推敲。近世加工榫卯主要也用凿和锯，偶尔用斧。清初太和殿上正梁时，由于制作误差，榫卯不能落槽，著名工匠雷发达身披官服，执柯登高，手起斧落，使安装不误吉时。斧发挥了它一器多用的功能。

中国传统家具的榫卯结构到明代达到高峰。海外性坚质细的硬木因郑和下西洋而不断进入中国，使匠师们积累了丰富的硬木操作的经验，把复杂而巧妙的榫卯结构按照他们的意图制造出来。构件之间完全不用金属钉子，鱼鳔粘合也只是一种辅助手段，全凭榫卯就可以做到上下、左右、粗细、斜直连接合理，面面俱到。其工艺之精确，扣合之严密，间不容发，使人有天衣无缝之感。硬质材料对榫卯要求特别高，这是硬质材料本身的特点所致，它不像其他软木那样有耐受性。硬质木材顾名思义就是一个"硬"字，大凡硬木都坚而脆，伸缩性小。

刨料、凿榫眼、锯榫头的结构制作过程十分讲究"吃线与留线，吃半线与留半线"。传统工艺的榫卯制作技术，决定了木结构穿插的严丝合缝，这也是榫卯结构结合的诀窍。如加工过程中，刨料周正要留线，净料光滑要吃线。制作榫卯，榫叫榫头，卯叫卯眼。榫头线锯割时是否把画的线锯掉，要和凿的宽度吻合，叫吃线和留线。榫眼线，朝内面（后面、里面）要留线，朝外面（大面、小面）要吃线。看待工匠水平高低的标准有"是匠不是匠，专比好做杖（指工具）"，这强调了工具的重要性，即好的工匠要使用好的工具，工具要全，精度要高，形态要优美。榫卯必须做得松紧得宜、科学合理，如果榫大眼小，装榫时用力过大则易开裂，榫小眼大则易脱落。而软木榫眼一般榫大眼小，用力装榫，打入眼中，眼不裂而榫则压缩变小不会损坏。标准要求是：硬木榫用锤子轻轻敲打可以装入眼中，即不裂开，也不脱落；再用黏合剂使其紧合永不脱落。胶黏剂自古以来在硬木家具上即作为加固结合的辅助手段。古代用海里的黄鱼鳔，经蒸煮、碾碎、敲打而成，其特点是便于使用也容易回修。如果材料需拆换，则只要在火上烘一烘，经过加热即可熔开，方便拆开调换修理。缺点是容易变质，在雨季易霉变发臭，不卫生且黏度打折。如果用变质的鳔胶粘合榫卯，即可以看到一条明显的黑线，影响美观。现在发明了专供硬木家具使用的化学黏合剂，其优点是使用方便、黏性强、卫生美观，缺点是难以拆开修理。

六 榫卯结构的优、缺点

1 榫卯结构的优点

中国传统家具有别于西方家具的最大特点之一，即采用精巧准确的榫卯结构将家具的各部件紧密组合连接在一起，成为结实牢固的一个整体。西方家具的部件则靠金属构件组合连接。榫卯有以下这些优点：

（1）榫卯结构历史悠久。早在河姆渡新时期就有了榫卯结构，发展到明、清时期到达顶峰。榫卯结构几千年来经久不衰，与其独特的形制、稳定的性质是分不开的。而中国传统家具被中外建筑艺术家所称赞，其核心也是榫卯结构。

（2）榫本身即是家具部件的连体，材质一致，榫和家具寿命相同。不会像西方家具那样金属配件锈蚀氧化，部件极易自然损坏而使家具散架。金属配件与家具材质不同，结合以后，软硬不一，易磨损、移动和散架。

（3）榫卯结构家具便于维修。铁钉连接的家具，一根钉子断裂就可能影响所在部件的结构，更换起来更加复杂。

（4）榫卯结构家具品质高。铁钉与木材的结构是靠挤和钻劲硬楔进去的，此过程易造成木材劈裂、木纤维受损，影响木材稳定性。木工艺大师都认为，一件上好的传统家具必须搭配传统的榫卯结构和工艺，才能提升其内在品质。

2 榫卯结构的缺点

榫接在传统建筑及家具等木构件接合中发挥着不可替代的作用，但对加工者的技艺水平要求较高，如把控不当，容易造成明显或不明显的加工缺陷。

（1）明显缺陷。如图 2-3 所示为最严重之榫接缺陷。图 2-4 中，A 为常见榫接之缺陷，常有锯割榫头时，越过榫肩线之情形。B 为另一种不良锯割，榫肩间有空隙，是由于未正确标记而随意锯割所致。C 常见于无自信心工作者之制品上，榫肩被锯割去少许。榫头松动固然是一大缺陷，但太紧亦为大缺陷。D 为榫头大于榫眼，以致直梃端部开裂情形。可能制作者为避免接合松脱，所

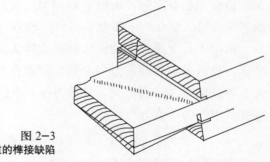

图 2-3
最严重的榫接缺陷

制作的榫头过大，且勉强敲击榫头进入榫眼所致。榫头过大应以锉子修小，并于接合部位以指銝夹具夹紧，开裂即不致发生。

　　榫眼太靠近木材端部时，可能产生开裂，应最少距离端部 12 毫米（约 1/2 寸）。此项延寸可于组合后切去。E 为榫肩锯割不正，半切部过短。F 之缺点，为夹具压力过大所致。榫肩压入横档中，以致横档木材下陷，施用适当压力即可。G 中榫眼或榫头未锯割方正，以致横档扭曲。图 H 情形相同，亦为榫眼或榫头不方正，以致两者不在同一直线上。以上图示缺陷，为求其明显，均略有夸大。

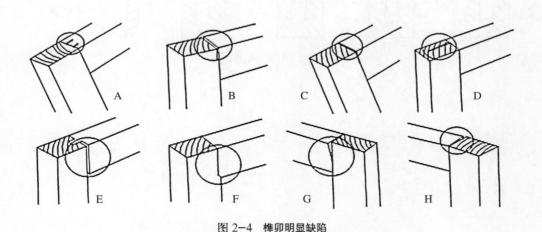

图 2-4　榫卯明显缺陷

　　因此，榫卯结构对工艺要求很高。

　　（2）不明显缺陷。除上述明显缺陷外，尚有不明显缺陷，幸好组合时可以发现，而可及时补救。也许会发生榫头厚度可能正确，却无法插入榫眼的情形，图 2-5 中的 A 即为此种原因。榫眼两侧可能向内斜或不平，设此榫眼为露榫眼，錾子握持不正，錾切结果为图中 B 所示。补救方法只有修正之。

　　歪榫头或歪榫眼（或两者均歪斜）会使榫肩露出，而框架亦会歪曲，图中

C 为此例。为使两者配合，必须将榫头一侧锉去少许，此为不得已之办法。榫头与榫眼间必有空隙，于图中 D 可见。若此榫眼、榫头均朝同一方向歪斜，则两者幸而可以配合，于图中 E 可见。若方向不同，则如 F 所示。

框架歪曲之原因可能由于榫眼或榫头歪曲，也可能两者均歪曲，如图中 G 所示。设两者均朝同一方向歪曲，可能有互相抵消的作用，框架并不歪曲，唯发生不良结果之机会更大。补救方法只有以锉锉去榫头少许，或以凿切去榫眼少许。当然仍不免会产生空隙。

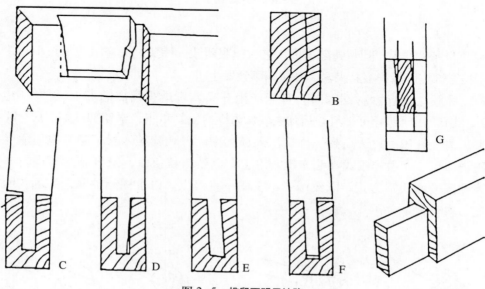

图 2-5　榫卯不明显缺陷

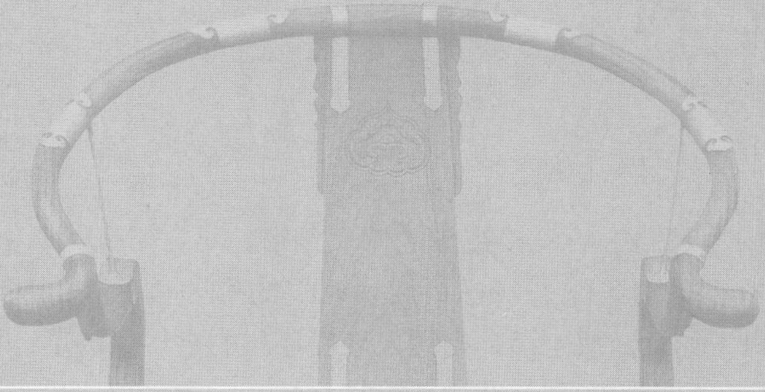

中国传统家具
榫卯结构

第三章

建筑榫卯结构与家具榫卯结构

　　榫卯结构是我们中华民族祖先的伟大创造。早在 7 000 余年以前浙江余姚河姆渡氏族社会的遗址中，就已经发现建筑的榫卯构件。这些榫卯构件说明：此时已经脱离了原始穴居生活，而进入地面建屋的定居生活了。

　　中国古建筑以木材、砖瓦为主要建筑材料，以木构架结构为主要结构方式。此结构方式由立柱、横梁、顺檩等主要构件组成，各个构件之间的结点以榫卯相接合，构成富有弹性的框架。中国古代木构架有抬梁、穿斗、井干三种不同的结构方式。

　　抬梁式是在立柱上架梁，梁上又抬梁，所以称为抬梁式。宫殿、坛庙、寺院等大型建筑物中常采用这种结构方式。

　　穿斗式是用穿枋把一排排的柱子穿连起来成为排架，然后用枋、檩斗接而成，故称作穿斗式。多用于民居和较小的建筑物。

　　井干式是用木材交叉堆叠而成的，因其所围成的空间似井而得名。这种结构比较原始简单，现在除少数森林地区外已很少使用。

　　木构架结构有很多优点：首先，承重与围护结构分工明确，屋顶重量由木构架来承担，外墙起遮挡阳光、隔热防寒的作用，内墙起分隔室内空间的作用。由于墙壁不承重，所以这种结构赋予建筑物以极大的灵活性。其次，有利于防震、抗震，木构架结构十分类似于今天的框架结构，由于木材具有的特性，而构架的结构所用的斗拱和榫卯又都有若干伸缩余地，因此在一定限度内可减少由地震对这种构架所引起的危害。"墙倒屋不塌"形象地表达了这种结构的特点。

　　由于这种结构主要以柱、梁承重，墙壁只作间隔之用，并不承受上部屋顶的重量，因此墙壁的位置可以按所需室内空间的大小而安设，并可以随时按需要而改动。正因为墙壁不承重，故墙壁上的门窗也可以按需要而开设，可大可小，可高可低，甚至可以开成空窗、敞厅或凉亭。

　　由于木材建造的梁柱式结构是一个富有弹性的框架，这就使得它还具有一个突出的优点即抗震性能强。它可以使巨大的震动能量消失在弹性很强的结点上，这对多地震的中国来说，是极为有利的。因此，有许多建于重灾地震区的木构建筑，上千年来仍然保存完好。如高达 67 米多的山西应县辽代木塔（图

3—1），为现存世界上最高的木塔；天津蓟县辽代独乐寺观音阁高达 23 米。这两处木结构已历经近千年或超过了 1 000 年，后者曾经经历了在附近发生的八级以上的大地震，1976 年又受到唐山大地震的冲击，仍安然无恙，充分显示了这一结构体系的抗震性能的优越性。这也是中国古建筑的特点之一。

我国建筑在近 2 000 年时间里大致经历了三个发展阶段：第一阶段是栽桩架板的干栏式建筑，根据住面的高度可分为高干栏和低干栏。高干栏建筑构件大部分露头于第四文化层上部或第三文化层底部，打入生土层，主要有地龙骨、板桩、圆木桩和木板及木梁等，少数板桩和木板带有榫头、卯口，个别较粗大的竖桩上端分叉呈 Y 形，是一种承重桩。低干栏木构件有圆木桩、排桩、木板及木梁等，大部分露头于第四文化层上部，见底于本文化层中部。第二阶段是栽柱打桩式建筑，构件大部分露头于第三文化层上部，也有露头于第二文化层上部，见底于本文化层中、下部。栽柱式建筑，是先挖好柱洞，而后放入木垫板，再放进柱子；打桩式建筑，即不挖洞，将木桩直接打入地基。第三阶段是栽柱式建筑，先挖好柱洞，而后放进红烧土块、黏土和碎陶片等，层层填实加固，使之形成倒置的"钢盔"一样的柱础，于其上立木柱。榫卯结构在建筑上

图 3—1
山西应县辽代木塔

的具体应用可通过以下形式来反映。

（1）"斗拱"是中国建筑史上最具特色的构件，它在某种程度上成了中国古代建筑的象征。斗拱是靠榫卯将一组小木构件相互叠压组合形成的。斗拱最基本的组成要素有两个：一是横向和纵向的水平构件"拱"；一个是位于拱之间，负责承托连接各层拱的方形构件"斗"。有些斗拱中还加入斜向的构件，如"昂"（图3-2）。

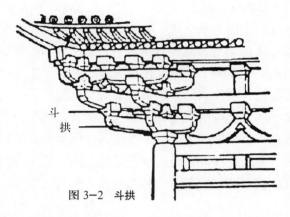

图3-2　斗拱

（2）由陈星等人发明了一种条形榫卯砌块拼装式墙体及施工方法（专利号：CN200510046232.1），属于建筑技术领域。其墙体是由条形榫卯砌块（1）和带有榫头（7）的连接件（2）以榫卯式拼装而成，连接件固定在上下楼板上，在两层砌筑的条形榫卯砌块之间有保温材料或隔声材料夹层，条形榫卯砌块的榫卯咬合面上的缝隙涂有封闭胶浆。其施工方法是：在摆放第一行条形榫卯砌块的同时，将连接件定位并与上下楼板连接固定，然后先外后内摆放其余条形榫卯砌块，在双层砌筑的内外条形榫卯砌块之间夹放保温材料或隔声材料，在条形榫卯砌块的榫卯咬合面上喷涂或刷涂胶浆来封闭缝隙，并在连接板（8）上的焊接榫头（7）中填满混凝土，形成现浇节点（图3-3）。

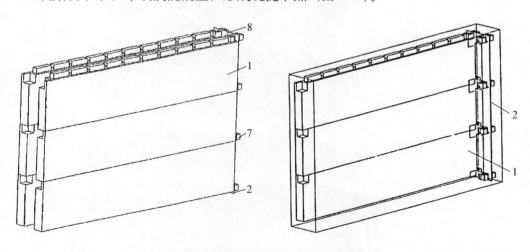

图3-3　条形榫卯砌块拼装式墙体

建筑榫卯结构与家具榫卯结构的联系

（二）

纵观历史提供的资料，家具与建筑的关系是十分密切的。人类自从有了生活空间便开始向大自然索取生活用具，随着社会前进、生活空间的改善，生活所需要的家具也不断变化。在人类生活需求的发展中，家具的样式不断丰富，使用形式也多样化，"就地打造""配套使用"等新的创意日渐出现。可以说，家具与建筑自从被人们掌握开始，就互相依靠、互相伴随、互相促进，在为人类服务的前提下，为满足人类生活需求，不断创造居住空间——建筑和样式新颖的家具。而家具与建筑，又在不断满足人们需求的过程中，创造出独具民族特色的建筑文化与家具文化。

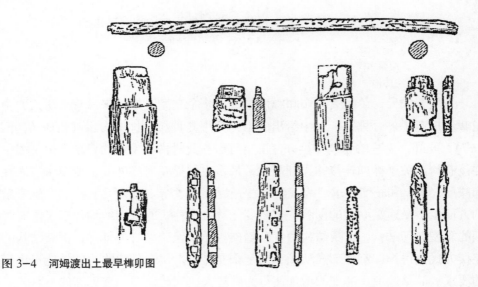

图 3-4　河姆渡出土最早榫卯图

自远古时期随着木结构建筑的出现，人类脱离了穴居生活，家具随之得到发展。传统家具榫卯结构与传统家具的发展演变过程密切相关。榫卯结构是中国古代匠人发明的一种独特且巧妙的连接方式。这种连接形式在木结构建筑体系和小木作家具中大量存在，拼接和组装形式千变万化。

追溯历史，在距今 7 000 余年的浙江余姚河姆渡遗址第一文化层出土的木构件是目前发现最早的榫卯连接的构件（图3-4），当时都是以石作工具凿出整齐的榫卯。随着夏、商时期青铜冶炼技术的兴盛，出现了铜斧、铜凿、铜铲，使得当时的家具初具规模。战国中期和晚期，冶铁业有了很大的发展（图3-5），铁器的广泛传播使得铁质的手工业工具逐渐代替了青铜工具。明代午荣编著的《鲁班经》中记载，春秋时期的梓匠（也就是木工）使用铁锯、铁斧、铁钻、铁凿、铁铲、铁刨制作家具。非常精细的榫卯做法出现于棺、椁、墓之中，据考察，春秋时期榫的形式就已出现了银锭榫、格角榫和燕尾榫，还有十字搭接榫、闭口贯通榫、闭口不贯通榫、开口不贯通榫等。

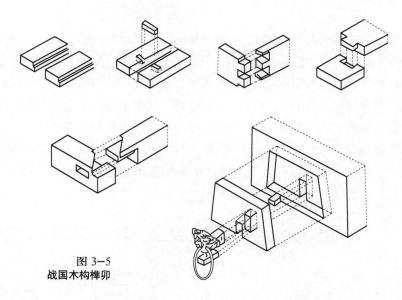

图 3-5
战国木构榫卯

发展至宋代，传统大木作和小木作进入一个定型时期。宋《营造法式》中记载并规范了部分榫卯，书中给出大木构架中几种相关榫卯图示（图3-6、图3-7），此外，大量的建筑斗拱分件图也可看作此时榫卯发展的记录，但是书中并没有给出关于榫卯连接的详细尺寸，最多也就提及对榫卯的宽度要求"入柱卯减厚之半"和长度要求"两头至柱心"。宋代高型家具出现后，家具在造型结构方面由于受建筑梁柱的影响，突出变化是由梁柱式的框架结构代替了隋唐时期的箱型壶门结构，家具结构由复杂趋向简单，但造型日趋复杂，框架结构的连接方式使得榫卯制作形式从简单向复杂变化，对接合部位的力学性能提出新的要求。简单地说，高度的增加使得力臂增大，因此需要强度更高的材料才能承受荷载。其次，大凡强度较高的木材都脆性较大，对加工的精确性要求较高，榫卯必须做到适当的公差配合。

由宋至清，木构架的演进过程加快，很多构件做法发生了较大变化。元代的榫卯连接和宋代的还比较接近，但是节点做法也日趋简化，而清代梁柱直接连接的做法逐渐成为主流（图3-8），其间清工部的《工程做法则例》是又一部

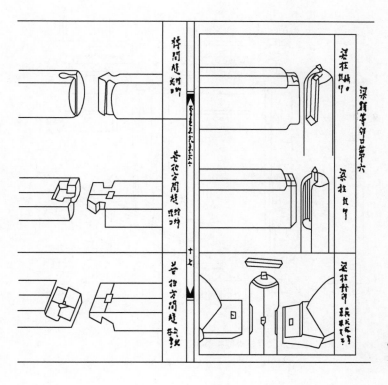

图 3-6
《营造法式》柱额普拍枋
榑连接榫卯

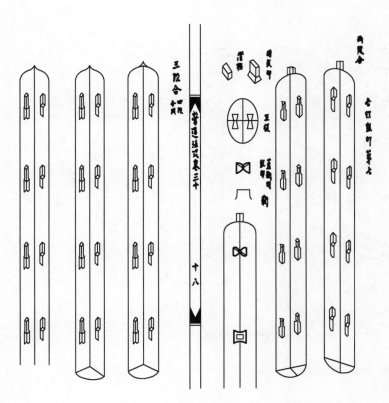

图 3-7
《营造法式》合柱鼓卯图

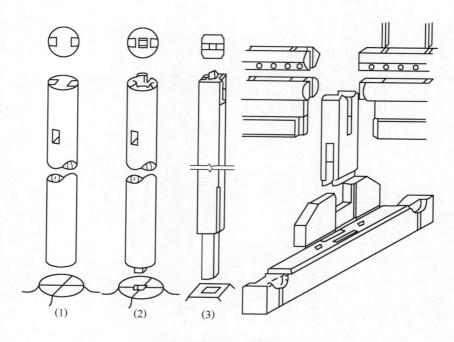

(1)　　　　　(2)　　　　　(3)

图 3-8　清代梁柱榫卯构件（1）

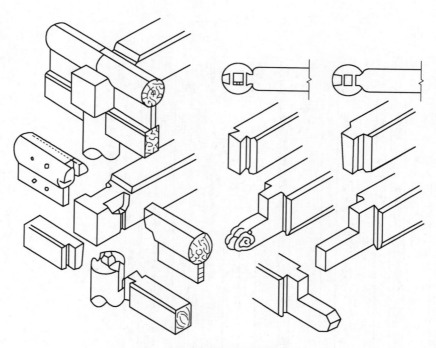

图 3-8　清代梁柱榫卯构件（2）

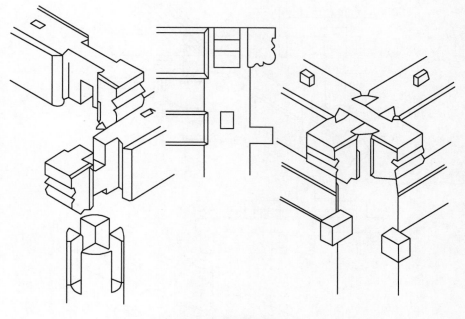

图 3-8　清代梁柱榫卯构件（3）

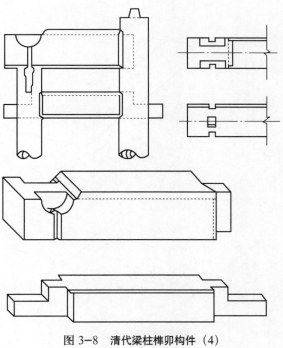

图 3-8　清代梁柱榫卯构件（4）

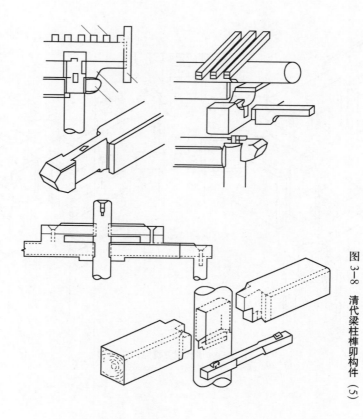

图 3-8　清代梁柱榫卯构件 (5)

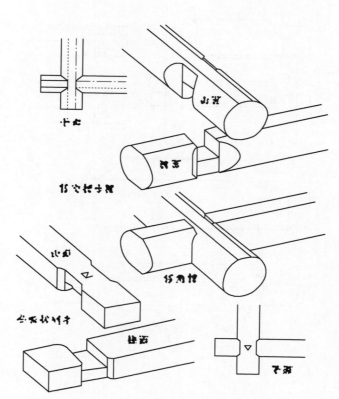

图 3-8　清代梁柱榫卯构件 (6)

官方颁布的、较为系统全面的建筑规范类文献，与《营造法式》类似，榫卯的文字记载仍然不多，但是对一些常用榫卯等都做了规定。中国传统家具和建筑在结构上的同构性不仅体现在梁柱结构与框架结构的同源上，而且在于许多榫卯结构的形式亦有相似性。这一时期，硬木材料被广泛使用在家具中，榫卯结构强度随着材料性能的提高而提高，开始使用暗榫，斜接、隐藏所有的榫卯接合以减少接合的痕迹，直至近代几乎全用暗榫。其优点是美观，不影响木纹的整体效果；缺点是容易产生虚榫，即眼深榫短，或眼大榫小，用胶来填塞，影响接合强度和耐久性。

现代榫卯连接的方式除了在结构上牢固可靠之外，本身也是立体构成的艺术，体现出几何的美学。现代家具的榫卯接合形式较为简单，大多采用开放性系统，主要依靠胶黏剂的作用，并使用各种嵌榫，外露的榫卯结构则成为装饰的元素。经过工匠不断的试验与改良，榫卯结构设计更加合理。

1 家具造型与建筑造型

中国古代建筑以木构架为主要结构形式，从原始社会末期开始萌芽，经过奴隶社会到封建社会初期，已经形成独特的建筑体系。木构架就是以木为主，由竖的柱与横的梁所构成的架子结构。奴隶社会的建筑没有留下痕迹，但是我们从甲骨文的"宫、室、宅、寝、家、牢"等字的形象中，可以想象出当时的建筑形象。战国时的四龙四凤铜案（图3-9），造型好像一座建筑物，其上半部分实际上是一座方形的四面出檐的建筑物的挑檐结构。

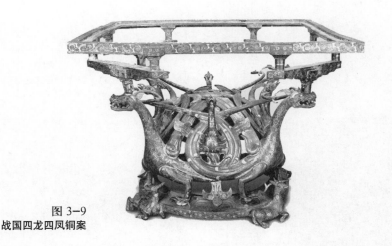

图 3-9
战国四龙四凤铜案

汉代的厚葬风是历史上有名的，据记载，汉代人生前节衣缩食，为的是死后能被厚葬。从汉墓出土的文物中得知，作为随葬明器的彩陶器，在汉代得到很大的发展，因此留下了众多汉代建筑遗迹和家具遗迹：建筑类有厨房、仓房、单层瓦舍和多层城堡；家具类有柜、架、橱等。我们从这些建筑与家具中可以看出其造型的相似，如木构架形成的悬山、歇山等屋顶形式，与出土的陶橱顶子的形式几乎相同。总之，家具造型与建筑造型在很大程度上有着异曲同工之处，只有熟练了解和掌握建筑的风格发展，才能更好地了解家具的结构和文化。

木头是死的，但是经过工匠之手，将多余的木头剔掉，把凸出来的榫头和凹进去的卯眼扣在一起，两块木头就会紧紧相拥，不再分离。榫卯就像是隐藏在两块木头里的灵魂，从此木头不再只是木头。

同一方向的榫卯，在木材水分的自然变化中，随着长期不断的收缩和膨胀，用不了多少年就会自动松脱。而不同方向嵌接的榫卯，胀缩的作用力会互相抵消，更多这样的榫卯组合在一起，就会在复杂微妙的变化中达到一种平衡与和谐。如果遇上地震，当砖石建筑的房屋纷纷倒塌之际，凭靠木材特有的柔韧性和延展性，榫卯就会将地面震动变成绵延起伏的木浪而消解，涟漪过后又恢复平静。

1937年6月，当近代中国研究传统建筑的先驱梁思成、林徽因夫妇一行四人，几经艰辛，长途跋涉，终于站在五台山一座造型庄严而典雅的千年古刹面前时，不由得为之激动万分。这座兴建于唐代（857年）的佛光寺（图3-10）已经在山野丛林中静候了1 000余年，梁柱间的榫卯结构依然像当初一样紧密相扣，不离不弃。

于1889年建成的法国埃菲尔铁塔，其内部那些巨大如车轮的螺栓必须定时拧紧，否则会因温差变化而松动；如改螺栓为焊接的话，那么整座铁塔会因金属的不规则胀缩变形而倒塌，原来这个机械时代的象征也有自身的烦恼。

图3-10
唐代山西佛光寺

经过长时间的实践，以及对木材性质的彻底认识，出现了让榫卯变成木材本身特有的一部分的奇异现象。即只要涉及使用木材的场合，榫卯就会自然而然地出现，无论是一栋房子、一扇门窗，还是一件家具。榫卯结构可以说是"四大发明"之外，中华民族又一智慧的结晶。

在河姆渡文化遗址，距今 6 000~7 000 年前的我国新石器时代早期，古代先人们已经用石器来加工木材，制作出了各种木构件榫卯类型用于建造原始的木构建筑。传统木建筑榫卯结构至宋代已达巅峰，一座宫殿耗用成千上万的构件，不用一颗钉子却能紧密接合在一起。到明代，在硬木家具制造中，榫卯结构"其工艺之精确，扣合之严密，间不容发，使人有天衣无缝之感"，又一次达到一个高峰。俗话中的"榆木疙瘩"是形容人很笨、脑筋不开窍，而古代工匠就是用榫卯让比"榆木疙瘩"还硬还重的木头开了窍。由于对木性有了更深入的了解，因此古代工匠在制造明式家具时达到了游刃有余的境界。

由于木材断面（横切面）纹理粗糙，颜色也暗无光泽，于是工匠就用榫卯接合将木材的断面完全隐藏起来，外露的都是花纹色泽优美的纵切面。随着气候湿度的变化，木板不免胀缩，特别是横向的胀缩最为显著，因此攒框装入木板时，就并不完全挤紧，尤其是在冬季制造的家具，工匠更需要为其木板的横向膨胀留伸缩缝。榫卯接合更讲究"交圈"，有衔接贯通之意，不同构件之间的线脚和平面浑然相接，以取得完整统一的效果，使之左右逢源、上下贯穿。工匠的聪明才智和精湛的工艺相结合，使得榫卯结构不再仅仅是木构件中的节点，而直接成为明式家具的塑型手段：以楔钉榫将木材连成优美的圆弧形椅圈；用夹头榫、插肩榫使案形结构强度更大、造型更完美；抱肩榫可以派生出各种类型，使有束腰、高束腰造型产生各种丰富多样的变化。当把这些精妙的结构拆解再复原，而它们依然紧密地严丝合缝时，我们不得不再一次为之惊叹。通过能工巧匠之手，榫卯更焕发出了异常强烈而光彩夺目的生命力。

2 家具的腿与建筑的柱

家具的腿与建筑的柱也是同一源的。根据我国传统的木构架建筑结构，凡是立柱都有"侧脚"与"收分"。"侧脚"就是柱头要向内侧微微倾斜大约百分之一；"收分"就是柱头与柱脚呈上细下粗的趋势。从我国唐代壁画的家具中可以看出，"侧脚"与"收分"非常明显。当时的一种靠背椅，其靠背结构借用了建筑中的"斗拱"做法，即在后腿端上置斗拱，其上承托着弓背形搭脑，四条腿明显地呈现出"侧脚"与"收分"。我们不仅可以从"侧脚"与"收分"中看出家具与建筑的密切关系，更能在建筑的柱础上看到具体的家具形象，这证明两者已融为一体了。柱础是承托建筑物梁柱的底座，自从有木结构的建筑以来，就有与柱身相同的，或圆或方不同形状的柱础。住宅柱础随人所愿，我们在众

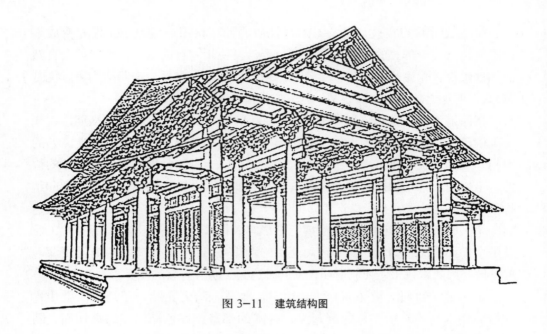

图 3-11　建筑结构图

多民居建筑的柱础上，看到了不少家具造型的柱础，如鼓凳式柱础、瓜墩式柱础、多边形机凳式柱础等（图 3-11）。

总之，传统家具中腿的"侧脚"与"收分"，完全是借鉴了建筑中的《营造法式》，而建筑中柱础的式样又直接应用了家具的形制。家具与建筑的关系，又一次有力地证明了它们互相吸收、互相借鉴的密切关系。

3 家具的牙子与建筑的替木

家具上的各种装饰牙子来源于建筑的替木（图 3-12）是毋庸置疑的。然而家具的牙子大大丰富了母体的原有形式，家具上那些千姿百态、用途广泛的花牙子，已经成为中国传统家具的特征之一（图 3-13）。

图 3-12　安徽民居的替木

图 3-13　明式家具的牙子

4 家具的围子与建筑的榍格

对于家具的各种围子与建筑中的各种榍格，至今难以判断哪个是源、哪个是流，我们见到的明代的大床上，已经使用了方格形的床围（图3-14）。在以后的发展中，建筑中的各种门窗榍格的变化极为多姿多彩。尤其是明清晚期，建筑门窗的榍格图案已经非常丰富。其中常见的山字纹、云纹、冰裂纹等，在家具上不仅常见，而且两者名称都是一致的（图3-15）。

图 3-14
架子床的围子

图 3-15　建筑门窗上的榍格

5 家具的束腰与建筑的须弥座

家具的束腰其灵感来源于佛教的须弥座，然而家具的这一借鉴和学习并未停止在模仿上——聪明的工匠们取须弥座的中部，创造出新的家具形式——箱形结构（图3-16）。这种箱形结构被用于坐具和卧具，自晋以后频频出现，成为流行的家具样式。家具工匠们又取须弥座的束腰形式，进而创造出一个新颖的、多样的束腰家具家族，如束腰桌、束腰案、束腰盆架等（图3-17）。

图 3-16　箱形结构——午门须弥座　　　　图 3-17　香几的高束腰

第四章

中国传统榫卯结构在
传统家具中的应用

1 案型结体家具

案型结体的技法是将腿柱与桌面结合的位置，由桌面边框格角的所在地向中央略为挪进，缩小腿间的距离。一般而言，腿柱底部塑出向外撇的侧脚，以及腿间以不同造型的直枨或牙条连接。此处范例中的牙条以燕尾闷榫卯合左，右瓣其实是一件式的刀子板牙头。腿柱上端出双榫，卯入边框底面所凿的榫眼，达到扣紧桌面的功能（图4-1）。

图4-1
案型结体家具

2 束腰桌型结体家具

这类型的前期家具普遍装置腿间的联络横枨（如罗锅枨、霸王枨）或者底部圈足（托泥）以巩固结构；在高束腰的部位，则安置装饰性的绦环板。到了晚明时期，由于发展出更为复杂精密的榫卯，带有燕尾形挂销（也称作半个银锭形挂销）的腿部格肩榫使得制作上得以省去霸王枨与横枨等腿间辅助性的部件。束腰部分则有不同的设计变化：有的是束腰与牙条一木连做；有的是束腰与牙条分做，再以半个银锭的长销由两者的里皮处穿过连接起来；有的还夹置早期风格的绦环板作装饰。霸王枨、罗锅枨或者装饰性的角牙都是桌型结体家具常用的部件（图4-2）。

3 四面平式桌型结体家具

在唐代的绘画中可目睹这类箱型的桌和台座。简练的四面平形制的桌、床和凳早在宋代就已有制造，直到明代仍然持续流行。利用直平的特性，易于将数个四面平单桌平整地连接，拼成一大型宴桌。由于牙条用料在高度及厚度上大增，故四面平式桌型结体所用的榫卯，在构造上不同于有束腰桌型结体者。在桌型变体结构上，腿柱顶端部位需造出多个长榫，榫长不仅长及贯穿牙条的高度，而且还要卯入桌面（或椅盘）边框内。如图4-3所示采用的三碰肩形式，四面平桌中大边、抹头、腿三处汇成一棕角榫结构，在明、清家具中常见。四面平的形制发展可能源自早期的箱型结体。

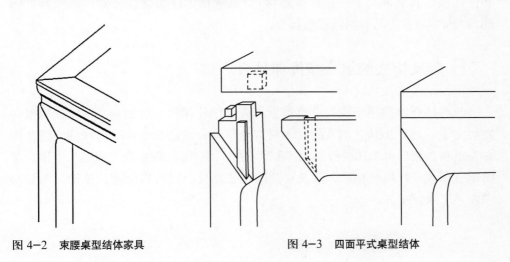

图4-2　束腰桌型结体家具　　　　　图4-3　四面平式桌型结体

4 "仿竹式"家具

"仿竹式"家具以刻出竹节纹的圆材为构件，模仿竹器制作的技法和效果，如"圆包圆缠裹"和"劈料多层混面"的特性。有时也会见到一些仿竹家具使用平滑无饰的圆材构件，有的则刻出竹节。基于此类型家具的原生性和本有的制作原理，将其归属在"案型"和"桌型"两大传统结体之中间地带。

5 门的榫卯结构

榫接最常被用于制造门及其他框架，使嵌板固定于框架上。如图4-4所

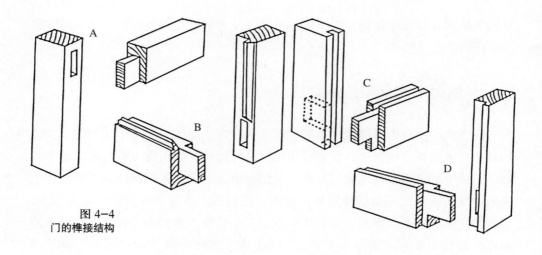

图 4-4
门的榫接结构

示，图中 A 为最简单的形式，其横挡之榫头插入直梃中；B 框架之内框实木上制作饰条，其端部与另一组件成斜接；C 嵌入槽中嵌板之接合处，必须有半切部；D 内框为方边与有凹线嵌板接合。

6 门及构架的追头型榫卯接合

此种接合常被用于拱门之半圆顶与直立门柱相接。所加装之木楔，使接合处固定于一起。加装之木舌防止木材向外移动，设计及画线必须仔细。接合部必先锯割，然后再制作曲线（或不制作曲线），有时此种接合使用追头型键。与图示（图 4-5）构造相同，门及构架的追头型接合以机器制造，分别以两套木楔安装于木材端部。

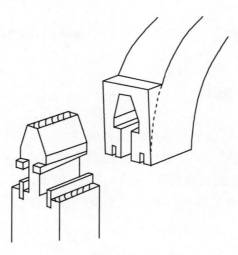

图 4-5
门及构架的追头型接合

1 组合与攒边装板的做法

（1）多块薄平板的拼合。薄板材由窄拼宽，一般是利用龙凤榫（也叫凹凸榫）加穿带的形式。先把薄板的一边刨出断面为"凹"字形，与相邻的那块薄板的长边开出断面为"凸"字形，用榫插的办法把两块板拉拢后，再在薄板上面做一穿带。如多块板材系厚板，又被使用在不显眼的地方，则也可以用施银锭榫（燕尾榫）拼合（图4-6）。

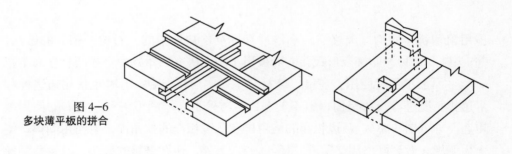

图4-6
多块薄平板的拼合

（2）两平板的直角接合。在条案、条几中，多用闷榫。厚板与厚板直角的接合，使用燕尾榫（图4-7）。抽屉薄板与厚板的直角接合，多用闷榫或半隐榫，民间柴木家具多用明榫。

（3）横、竖垂直的接合，腿与枨子的榫卯。圆材、方材的接合，一般可以

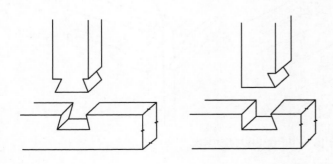

图4-7
两平板的直角接合

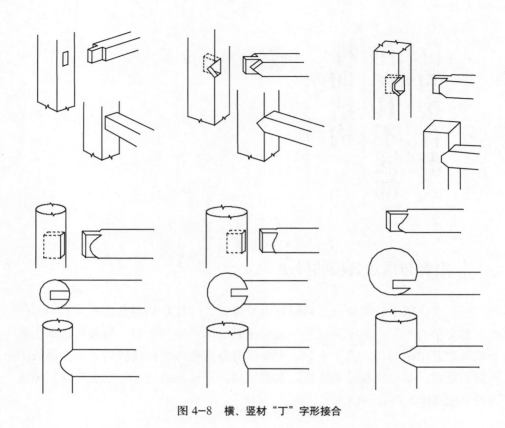

图 4-8　横、竖材"丁"字形接合

施用飘肩榫、格肩（大格肩、小格肩）榫及格肩榫中的"斜拉一锯"的做法。
"齐头碰"这种榫卯接合形式，一般被用于不太讲究的器物中，或两材之间不在
一个平面上出现时使用。在横、竖材"丁"字形接合中，有时也使用通透榫和
半透榫：通透榫较为坚固，但不美观；半透榫不太牢固但美观。它们的使用因
用途而异（图 4-8）。两边相交的格肩榫和三边相交的棕角榫，看面用闷榫，侧
面用明榫，做到既坚固又美观（图 4-9）。另外，还有裹腿的做法，以及几种榫

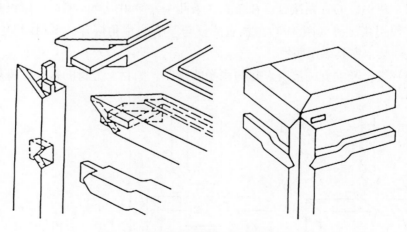

图 4-9　棕角榫与攒边装板

卯同时出现在同一个腿上的综合榫卯做法。

（4）圆直材的接合。两圆直材的接合，多出现在椅类的靠背（搭脑）、扶手等构件中。如官帽椅、玫瑰椅的挖烟袋锅（套榫）（图4-10）做法。

（5）圆直材与板材的接合。圈口、券口与圆直材的接合，一般用合掌式、嵌夹式（图4-11）等形式。

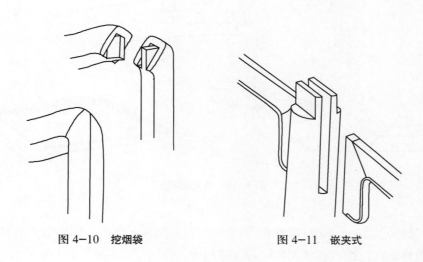

图 4-10　挖烟袋　　　　　　　　　图 4-11　嵌夹式

（6）直材交叉的接合。直材交叉多用十字枨方法。装饰纹样中字的组合，可使用攒接的方法（图4-12）。

（7）弧形短材的接合。这种情况多出现在圈椅中。圈一般分为三接、五接，即用三段、五段弧形短材接合而成。圈的接合施用楔钉榫（图4-13）。

（8）格角榫攒边。明式家具中，几、案、桌、椅等的面框架部分，大多使用以45°的格角榫攒边的做法（图4-14）。它较"齐头碰"美观，大边、边抹的侧面木纹接合自然一致，各面都能看到美丽的纹理。

（9）攒边打槽装板。四根木框，两根长而出榫的称"大边"，两根短而凿眼

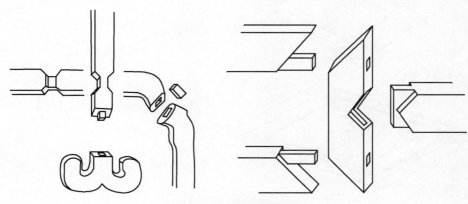

图 4-12　直材交叉的结合

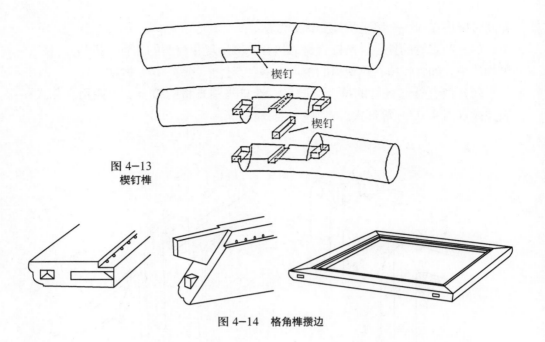

图 4-13
楔钉榫

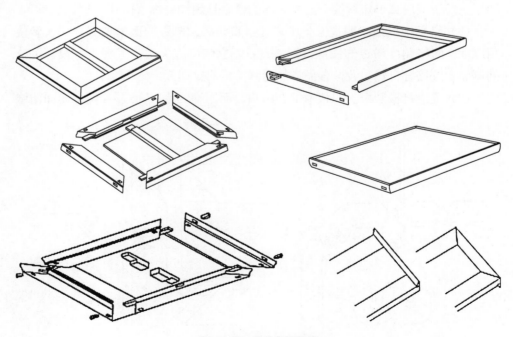

图 4-14　格角榫攒边

的称"抹头"。在木框内打好槽，将木板"边簧"放入槽内。穿带出头的部分插入大边榫眼内。把木板装入木框的做法叫作"攒边打槽装板"（图 4-15）。

此做法能使小料变大料，特别是可以使具有花纹的木材部分露在外面，而横断面都不在视线内，所以攒边打槽装板是一种经济、美观又科学合理的方法。

利用大边和边抹的格角榫接合成框架，再在各边上打槽装板。利用槽的空

图 4-15　攒边打槽装板

间，使胀缩的木材不致把面板破坏或使板面起翘，合理地解决了因木材的干缩湿胀引起的各种问题，提升了木料的使用效益，在中国家具的制造上被广泛应用，举凡桌案面、柜门或柜帮面等多有所运用。

2 腿、牙子、面子的接合

（1）腿与面子的接合。在直足无束腰而面板有喷出的情况下，一般使用夹头榫、插肩榫。夹头榫、插肩榫是案型结体家具常使用的榫卯结构，在直足无束腰而呈四面平齐的结构中，一般情况多使用棕角榫或托角榫。在曲足有束腰或高束腰的情况下，多使用抱肩榫接合法（图4-16~图4-18）。

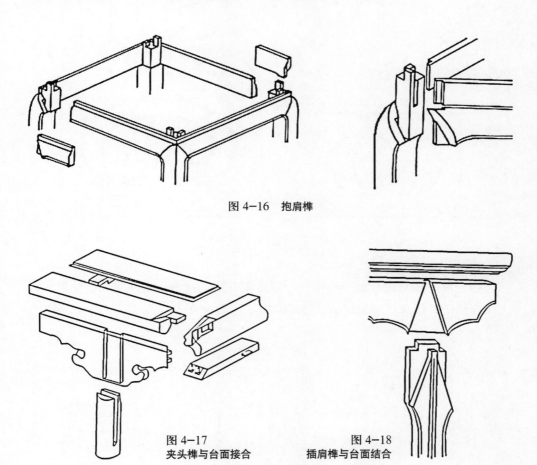

图 4-16　抱肩榫

图 4-17
夹头榫与台面接合

图 4-18
插肩榫与台面结合

（2）腿与边抹的接合。此类接合使用四面齐的形式，即棕角榫结构方法（图4-19）。

（3）腿、枨子、矮老或挡子花与面子或花牙子的接合。与横、竖材"丁"字形接合中的圆材、方材、直材交叉的接合基本相同，腿与牙子相接亦使用挂榫（图4-20）。

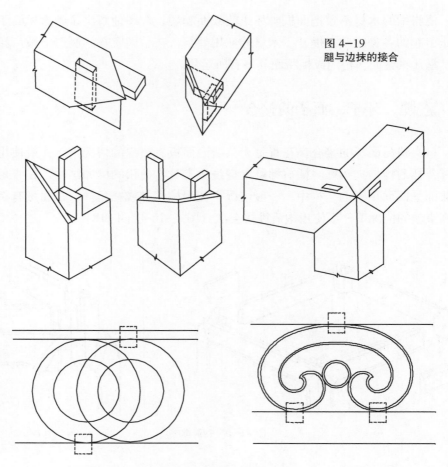

图 4-19
腿与边抹的接合

图 4-20　挂榫

（4）霸王枨与腿及面子的接合。霸王枨与腿的接合，多使用勾挂垫榫。霸王枨与面子的接合，多使用销钉固定的方法（图 4-21）。

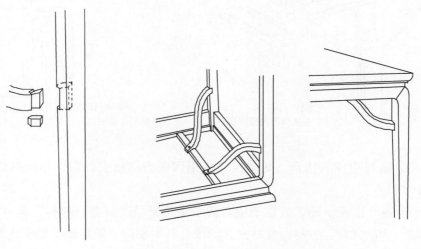

图 4-21　霸王枨

（5）圆方结合裹腿。座面板部件的框架用斜肩直角榫结合，座面板拼板四周开有榫舌，榫舌插入框架的榫槽内。椅子腿贯穿座面，与座面相交处加工出缺口形成方形断面，被座面板框架包嵌住，实现了座面与腿的结合（图4-22、4-23）。这种接合的优点是腿的上下部分为一整体，接合强度高，结合部位几乎不暴露木材的端面。但从现代家具结构来看，接合点加工繁琐，难于实现拆装式装配结构。

（6）各种角牙与横、竖材的接合。这种情况多使用一边挖沟嵌榫，与一边用栽榫相结合的做法。如图4-24所示，左图牙条与牙子相接一般用右图的方法。

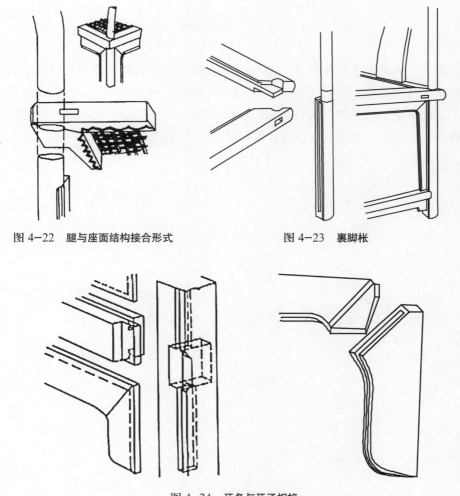

图4-22　腿与座面结构接合形式　　　　图4-23　裹脚枨

图4-24　牙条与牙子相接

（7）圆材、方材的攒边。圆材多用楔钉榫，或一头开榫、一头出头来攒边。方材的攒边同于格角榫攒边法（图4-25）。

（8）方材、圆材的角接结构。方材角接结构类似于格角榫攒边的做法（图4-26）。圆材角接一般采用圆棒榫接合。

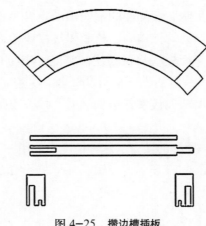

图 4-25　攒边槽插板

（9）三向陈列柜转角接合。陈列柜必须以小断面木材构成四周的框架后嵌进玻璃，这样的框架才可能减少陈设的容量让其不至于太粗笨，达到省料的目的。通过采用以鸠尾榫将两组件锁扣后，再与另一组件以双榫头来结合的方式，来解决转角处有三根相同横挡会合的问题（图4-27）。

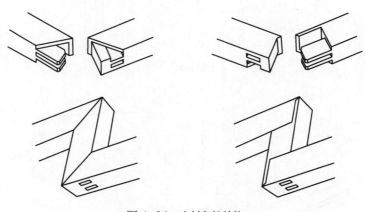

图 4-26　方材角接结构

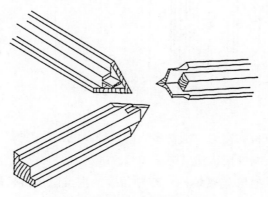

图 4-27　变形棕角榫

3 腿子与托泥、座墩等下部构件的接合

腿子下端设托泥或座墩等下部构件，是为了加强腿子的牢固与稳定感，起到同管脚枨一样的作用。

（1）腿子与托泥的接合。托泥为圆形或方形的，其做法与直、圆材交叉做法相同，如图4-28所示。

（2）腿子与托子座墩的接合。此形式多用于条桌、屏风类或灯台类家具中，其结构如图4-29所示。

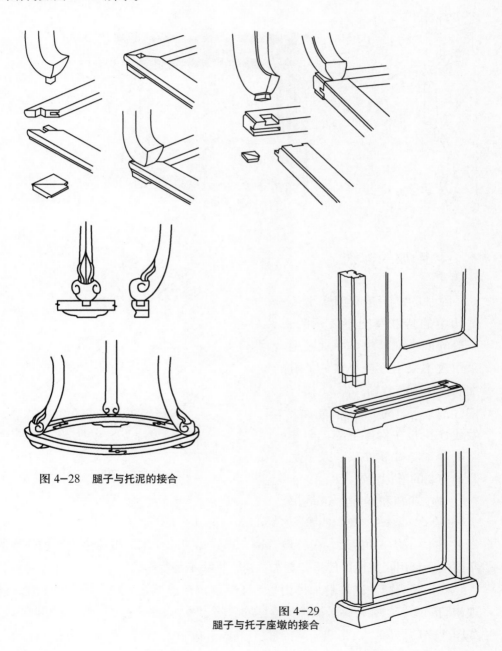

图4-28　腿子与托泥的接合

图4-29
腿子与托子座墩的接合

（3）圈口及壶门券口的接合。圈口是装在四框里的牙板，四面或三面牙板互相衔接，有上下、左右四周的四根牙子，在圈口内侧形成一个完整的圆圈，起加固和装饰圈口的作用，中间形成亮格。在众多家具实物中，此结构大多用在侧面或人体不宜接触的地方，如翘头案口间的圈口和书格两侧的亮洞等。壶门券口以三面装板多见，四面极少尤指安在椅盘以下者，中间留亮洞。壶门指皇宫里的门，它和其他圈口不同的是它没有下边的那道牙板，因此既可以在侧面使用，也可以在正面使用（图4-30）。

图4-30
壶门券口穿销

4 附加的榫销

附加的榫销是在明式家具结构中的特殊情况下使用的。一般的明式家具中，尽量避免采用或不采用这些小零件。附加的榫销中有栽销（榫）、楔钉楔（销）等，是用另外的木块做成榫头栽在构件上的，而非将构件本身做成榫头。以下是几种主要的附加榫销：

（1）栽销和穿楔。这是用另外的木材做榫，将构件接合得更为牢固的一种做法。楔钉楔（销）起到加固的作用。破头楔也可加强榫的牢固性，利用胀扩性，使榫卯更加紧密，榫头不易脱落。

（2）盖头楔。这种附加榫销是为了美观，在透榫处加盖一块大小一致，纹理相同的木板，弥补腿子被榫头透穿的缺陷。另外，在翘头案中，翘头的安装，如图4-31所示。

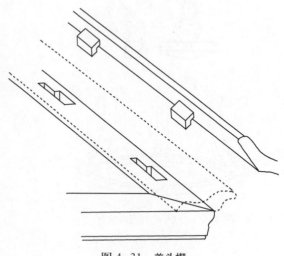

图4-31　盖头楔

1 半搭接合

当两件木材在同一平面交叉时，需要用一些接合来让它们保持平面，使得至少有一材面在交叉处。在某些情况下，可将木材完全锯开，而后令木钉或榫头与另一件木材接合。最常用的方法是在两件木材上各切除部分木材，以便让两组件保持不切断而能相互交叉，这种接合方法称为半搭接合。典型的半搭接合是使用于桌子底下框架的"十"字形横挡。其他使用情形还有用各种半搭接合构成的框架来增强夹板背面或其他板类的刚性，所以板子接触的表面均需为平整。半搭接合用手工或机器加工都是最容易切削的一种方法，其必须紧密配合，如果有间隙则会失去构件互相支撑的大部分好处，如减少构件厚度则将造成接合体的脆弱点。交叉构件时半搭接合是最优先的选择，但在构件对着外侧材边或转角构件时，是否使用半搭、榫头或其他的接合需视特定的使用情况考虑。

（1）T型半搭接合。在一中间木材与外侧木材交会的情形下（图4-32），将其中一件切削成与交叉半搭接合一样，而另一件则与转角接合相同（图中A），也可使用于两组件或者是当构成一搁板撑柱（图中B）。某些组合情形不让其端面木纹理外露在其材边，如此T型半搭接合可以采取不贯穿（图中C），

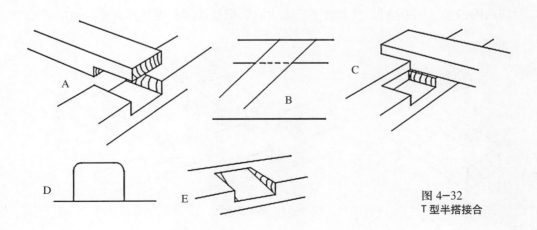

图4-32
T型半搭接合

除了其较短及端部应该锯成长度外，而不是去留一些长度以利修平，两件木材的切削可与贯穿时相同。另一组件可以用路达机挖去大部分不需要的木材，然后角落再以錾子修出直角（图中 D）。组件也可用手锯来加工，然后再以錾子将边缘加工成直角，且将不需要的木材除去（图中 E）。

（2）钩形半搭接合。如图 4-33 所示，半搭接合在转角处可成钩形（图中 A），或在 T 型接合（图中 B），在交叉半搭接合成一斜面并无任何好处。T 型接合若需较大的强度，其最好使用鸠尾形的半搭接合。

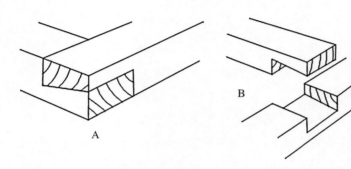

图 4-33
钩形半搭接合

（3）尾半搭接合。鸠尾形式除了需要抵抗单方向拉力的真正鸠尾榫外，亦被使用于许多的接合情况，这些情况可以在 T 型半搭接合看到特殊的鸠尾形式。支腿有鸠尾形式的端部可以抵抗任何企图对其长度方向拉开接合的荷重。这种接合形式很少被使用来抵抗任何企图对接合组件成直角方向拉开接合的荷重（图 4-34）。

（4）斜角半搭接合。如果框架要有斜接的外观（图 4-35），则半搭接合的一面可以向后切削（图中 A），如此将减少胶合的接触面积，使接合强度有些弱。如果其背面以一夹板加强也就没有关系，如果内侧边缘成一简单的斜面或花边或需要这类的转角接合，则斜面或花边应安排在斜接的一面（图中 B），其强度可用螺钉从背面锁进斜接的舌榫来获得。

（5）束紧接合。在房屋结构上有不成直角的各种交叉半搭接合（图 4-36）。一种做法是将一组件直线横穿过另一组件来装配，但是有一组件的侧面会削出向内的斜角（图中 A），其角度不应太大，否则被切削的组件其强度将被削弱太

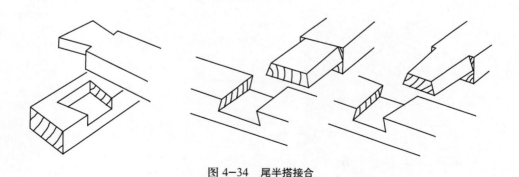

图 4-34　尾半搭接合

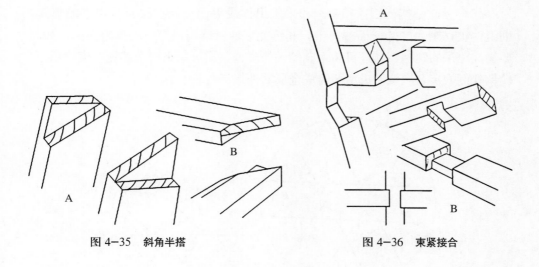

图 4-35　斜角半搭　　　　　　　　　　　　图 4-36　束紧接合

多。另一种做法是承口半搭接合，将其中一组件削出榫肩缺口以便能嵌入另一组件，如同前面的例子，切削缺口应该仅是微量，否则切削的组件将被减弱强度（图中 B）。

　　（6）深槽半搭接合。制作抽屉里的分隔板或灯饰框架组合等，组件必须互相交叉而形成相对其宽度十分深的半搭接合（图 4-37 中 A）。即使木材是很稳固且很少有脱落或翘曲上的顾虑，端面木纹理的木材胶合情况也不是很理想，因此这只适合于轻量荷重的情况；在交叉组件受到外围抽屉框架及其他构件的支撑时，这种组合将很可能有足够的强度。如果有足够的木材厚度允许开沟槽与开半搭槽，则两组件装配在一起时，两组件各自滑进对方的沟槽而能获得更多相互的支撑作用（图中 B）。

　　（7）三向转角。即框架结构的三支组件或需相互以直角来接合就像一立方体的转角。直立的组件如同一般的转角半搭接合，另外两组件则装配进直立的组件，此两组件各以一半来填充空间（图 4-38）。

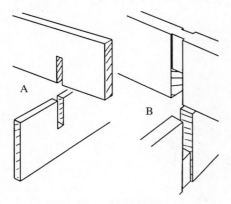

图 4-37　深槽半搭接合

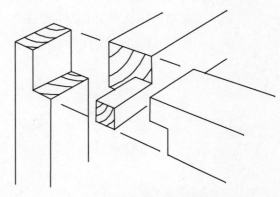

图 4-38　三向转角榫卯结构

（8）三向平接（图4-39）。如果三组件成平面交叉，接合是半搭的形式，则组件被切削成三等分而非一半，其可能平均对圆周成等分安排来交叉，如同要构成轮子的轮柄，其或可为木制轮子的部分，或可用来铸金属轮木模的部分，轮柄外侧的接合应该做成所要铸成金属的外形。

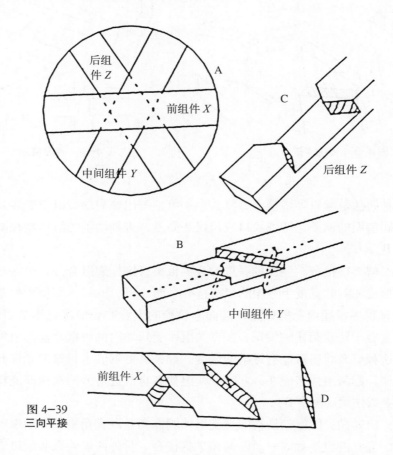

图4-39
三向平接

（9）切槽齿榫接合。当一件十分轻巧的断面组件与一件相对十分厚重的组件交叉时，其强度与定位需要一种包含其他切削的普通搭接接合。这种情况下，厚重的组件两侧切槽而留下一窄小部分，其上较轻的组件切槽成半搭接合的方式，这是使用在建筑木工上的主要接合（图4-40）。

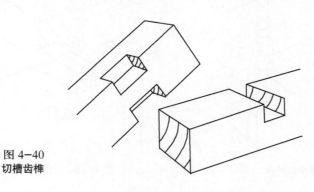

图4-40
切槽齿榫

（10）齿榫接合。很少安排切槽部分于底部组件，然后在顶部组件上切出齿榫。齿榫是单独凸出于组件，就如同钝齿轮上的一个钝齿。这种装配的切槽可防止在T型接合的侧向移动，每个组件不需要切削太多木材（图4-41）。

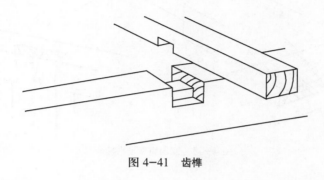

图 4-41　齿榫

（11）带楔半搭接合。平行材面的T型半搭接合取决于胶合剂与螺钉或木钉来抵抗引拔荷重，其可在一边或两边做成鸠尾形式，但是其仍然是一种容易装配而又容易脱落的接合。如果接合采取类似于榫头楔片的方式打入楔片，则平面的半搭接合可被扩展来搭配斜锥的承口以获得最大的紧密度与承受引拔荷重（图4-42）。承口的两侧应该切削成一斜锥以承接组件的厚度A，且在另一组件锯出隙槽以承接楔片B。

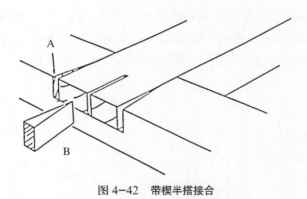

图 4-42　带楔半搭接合

（12）双向鸠尾半搭接合。若半搭接合可以加工成双向鸠尾的断面，其接合不致被拉开，则只有采用楔片的一种方法，即承口部分在其两侧切削成鸠尾斜面A（图4-43）。不像一般的鸠尾半搭接合，最窄的部分并未往后切削，但是切削的端部与另一组件的整个宽度相同（图中B），成一鸠尾角度平行切削出小榫肩，且锯出隙槽以承接楔片C。此组件应该滑进而使得其凹槽底部紧密配合，但在顶部两侧留有余量，以保证其接合牢固，如图中D处。

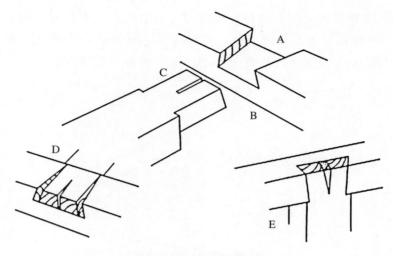

图 4-43　双向鸠尾半搭接合

2 方榫接合

方榫接合是木制结构体的组件间最普遍使用的接合方法——从重量级的房屋框架到小件的家具。由于制造方法上的简便，使得方榫接合渐为目前主要使用的方法。

（1）露面榫头（图 4-44）。榫孔部分的木材必须较厚时，榫头可只切削成一个榫肩 A，这种方法适用于较小断面的横挡。只有一个榫肩较通常的两个榫肩容易拉近，如果两个榫肩并未正确地切削在同一线上时，则露面榫头应该是使用于窄横挡必须与另一组件接合而有一面对齐（图中 B）。如果尚有一板子或板条对着此横挡再行与另一组件对齐则具有选择性（图中 C）。

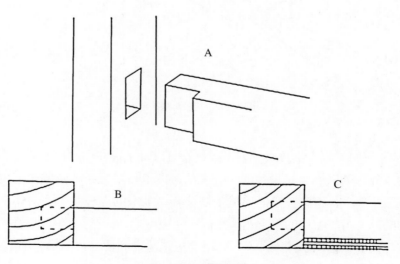

图 4-44　露面榫头

（2）交会榫头。当横挡必须在一转角处交会时（诸如横挡在一张桌子的四条桌脚间的情形），如果横挡能安排在不同的高低，则 A 将比较有利。如果两木材组件间的尺寸有很大的差异，那么也许榫孔无须交会就能获得足够的深度。B 中通常需要足够的深度且榫孔必须相互穿过，这种情况下榫孔于交会处切削成方形，而榫头的端部部分切削成斜角，如 C；或完全切削成斜角，如 D，但端部间留有一定间隙而不致使其互相接触（图 4-45）。

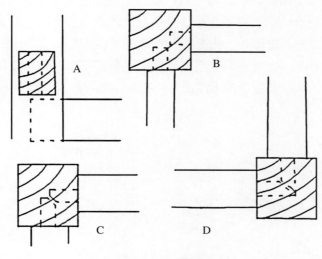

图 4-45　交会榫头

（3）带楔片榫头。古老的结构中通常使用许多楔片来夹紧方榫接合，其机械性强，无须以胶合剂来粘住。在很多接合中都可使用楔片，楔片的锥度不大，但能起到较大的作用，但是其需要敲入很深；楔片的角度如较宽大，则只需敲入少许即能导致扩展，然而角度太大又会被弹回。

（4）深横槽接合。如果组件的榫头 A 过长，另一组件所切削掉木材的量过多，会致使整个榫的强度减弱许多。这种情形可将榫孔錾削出两个或更多的榫

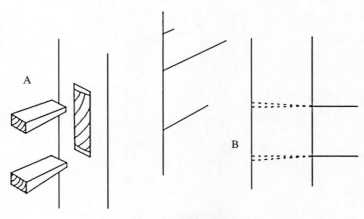

图 4-46　带楔片榫头

孔（图 4-47），这些留在其间的部分就如同实木置于榫孔里，将横着榫孔的木纹理连接在一起以获得较大的强度。通常榫头的分隔并不切削到底部，而是留有一点以插进榫孔的顶部。当板子很宽时，榫头最好分隔成几个部分（图中 C）。

（5）长型榫头（图 4-48）。榫头可做成贯穿过榫孔而形成一长榫，凸出榫孔的部分可以打圆或做成其他的装饰（图中 A），但是长榫较常与楔片同时使用。这种接合的使用主要是从许多华丽的厅廊家具的制作中生成的，优点是易于拆卸，主要作为储藏用，可为人们在旅行中方便地随身携带。桌子横挡底部边缘的位置与坚实的端面接触，此情形最简单的楔片长榫是宽榫肩且榫头的宽度较大于其深度来凸出榫孔，凸出部分的錾孔以承接楔片（图中 B）。

（6）嵌式榫头（图 4-49）。当两组件成一角度接合时，可以借着嵌式榫头装配进两组件，从而获致榫头木纹理与榫孔组件成直角。两组件均切削成榫孔，

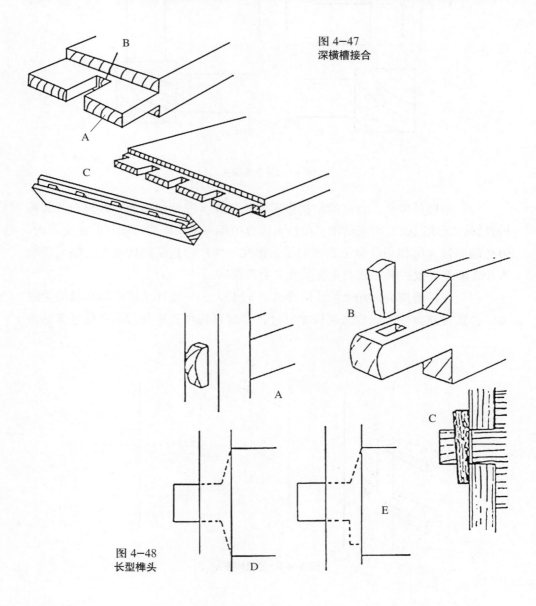

图 4-47
深横槽接合

图 4-48
长型榫头

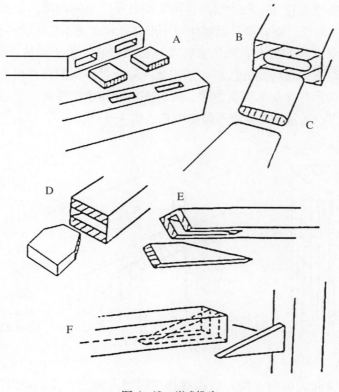

图4-49 嵌式榫头

然后榫头配合榫孔制作并涂胶接合。另外可根据不同的使用要求采用其他几种嵌式榫头。图中C适用于量产而不建议将其用于单件家具的生产。在修补工作中也常用到嵌式榫头（图中D）。

（7）舌尖榫头。当有些组合体的大小不足以做成宽大榫头或复数榫头时，必须将其切削成窄小榫头后留下一侧或两侧的宽大榫肩，宽大的端面木纹理对胶合并不理想，则接合可能会露出开口的间隙（图4-50）。为了获得较大的强

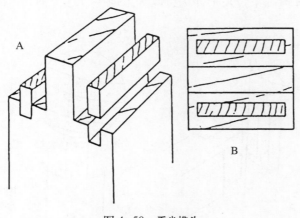

图4-50 舌尖榫头

度，在榫肩嵌进方栓 A，来达到减少榫头配合所产生的间隙。如果方栓端部露在表面将破坏外观，则方栓可以制作短一点并让其嵌进不贯穿的沟槽 B。

（8）中间支脚的接合。如果支脚要与横挡接合，由于其位于长桌的中间，而不是横挡与支脚在转角处接合，则需要一种双重榫头的特殊接合方式，这可视为一种三切榫与榫头的混合方式。支脚不需要与横挡在同一平面，但是外侧部分可以凸出，通常榫头嵌进不贯穿榫孔（图 4-51）。

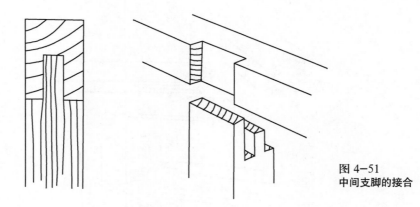

图 4-51
中间支脚的接合

（9）榫头嵌进圆形支脚。当一横挡与圆形支脚会合且必须以榫头嵌进时，有两种方式可以用：一种是圆形支脚切削出一平面以搭配横挡的端部 A，然后切削成一般的方榫接合 B，这种方式适用于横挡断面尺寸较支脚尺寸小许多时。另外一种方法是支脚无须向后切削以承接横挡端部，而是改变为将横挡端部的榫肩切削成圆弧以搭配支脚的圆弧 C，这除了不必从支脚切削太多木材外，还可以适合于使用成型断面的横挡，如圆形或椭圆形断面的横挡，无须任何安排即可装配安全（图 4-52）。

（10）特别榫头组件。如果设计需要两个或三个组件顶着另一组件会合，则可以把一个以上的榫头嵌进这一榫孔。在框架体可能几支榫头斜撑在一支横挡上会合，在这种情况下，几个榫头可以等量地平分这个榫孔，注意榫头组件的

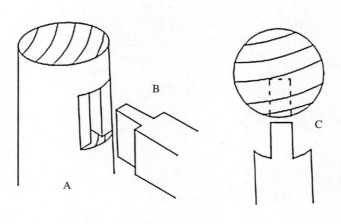

图 4-52
榫头嵌进圆形支脚

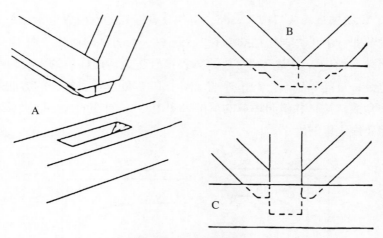

图 4-53　特别榫头组件

外侧继续延长，仅将会合的边切削成与横挡垂直。如果斜撑非常宽大，则应该避免宽大的榫孔，因为榫孔宽大会致使横挡脆弱，可在榫头外侧切削短形小榫头（图 4-53）。

（11）成型 T 型接合。如果平面的木材组件要与成型的材面接合，则在榫头榫肩与成型材面会合的地方必须进行某些加工，可能有两种方法（图 4-54）：一种是将榫孔组件花边的部分削平以一般方榫接合方法完成（图中 A）；另一种是榫头的榫肩成型以配合榫孔组件的花边（图中 B）。

（12）三向接合（图 4-55）。如果两水平组件于转角会合并需要接合一立柱在其下，当横木是直立的断面时，那么横木可以做出榫头嵌进立柱，让两个不同方向上的带孔榫头的上横挡嵌进支脚。如果横木是水平的断面，则其或可在每件横木做出两个短榫与立柱的顶部接合（图中 A），而立柱要有足够的断面来承接两短榫。如果立柱与横木宽度的尺寸相同或较窄，则先将两横木以半搭接合，然后以立柱的榫头贯穿此半搭接合（图中 B）。

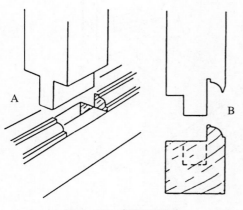

图 4-54　成型 T 型接合

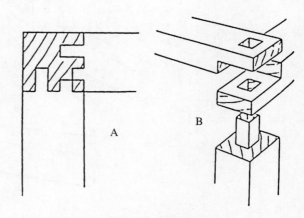

图 4-55　三向接合

（13）楔接榫肩榫头（图4-56）。有些家具横挡的底面成型，如果其形状在到达支脚前即行中止，则横挡端部的榫头可按一般方法来制作（图中A）。如果有曲线必须弯曲进入支脚，则一般的方榫接合将会造成榫肩的木纹理有一薄而脆弱的边缘，可能碎裂而影响了外观（图中B）。处理这种接合的方法是在榫肩的底部转角成斜接，并斜向榫肩的顶部（图中C）。斜切的大小取决于木材的尺寸与横挡曲线边缘的大小。

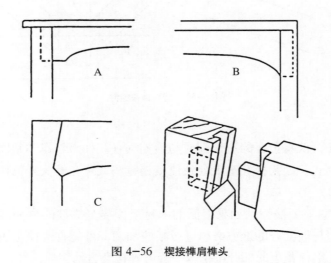

图4-56　楔接榫肩榫头

（14）薄厚接合（图4-57）。一薄组件或需切削榫头嵌进另一个相当厚的组件里，如有些椅子靠背的板条或框架里的横条木。可将断面很薄的木条无须切削而直接嵌进榫孔（图中A）。如果稍有多余的厚度，则可于前面切削出很窄的榫肩（图中B）；如果薄组件很宽，则榫肩亦可切削于两边（图中C）。

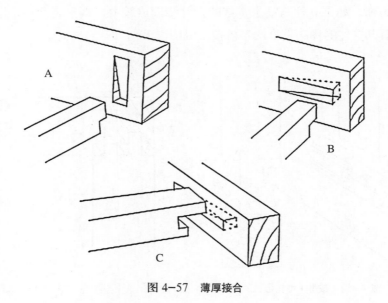

图4-57　薄厚接合

（15）三向方榫接合。如果三横挡互相间隔120°且必须接合在一起，或互相间隔其他不同的角度，则此接合很难获得仅两组件接合的强度，而下面的方法可以获得相当合理的强度。

如图4-58所示，如果横挡是正方形或宽度、深度为大，则榫头可于一组件切削，而其他组件分别切削一半的榫孔（图中A）。如果外露其端面木纹理不好看，则可以嵌进两组件交界处即行停止来避免端面木纹理的外露（图中B）。如果外观较为重要则可采取较理想的斜接，其中一组件的榫孔要承接另外两组件互相配合所切削而成的榫头，两组件的短榫头于此榫孔间互相搭配。C中当组件的深度较宽度大时，可采取互相锁扣榫头的D方式。

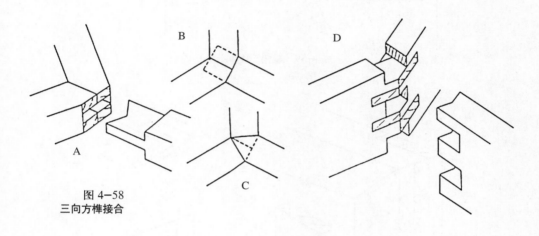

图 4-58
三向方榫接合

3 三缺榫接合

（1）转角三缺榫接合（图4-59）。基本的转角接合是将组件切削成与T型三缺榫接合类似（图中A），这种方式或可称为裂口榫，割线时最好在端部留一点余量（图中B）以让稍后来修平。该接合或许需要使用胶合剂，尤其是当结构体将与合板连接在一起时。在其外侧可以用一支或两支木钉或螺钉横穿过接合（图中C），从较不重要的一侧敲进。如果需要在端面木纹理的一个方向将其隐藏起来，则其接合可采取T型接合的不贯穿方式（图中D）。将两个方向的木纹理隐藏起来是可能的，却又会使得接合的有效尺寸减少。

（2）斜切三缺榫接合（图4-60）。可以在三缺榫的一面安排斜接的外观（图中A），将接触的部位切削成45°来搭配（图中B）。这将减少有利的侧边胶合面积。如果斜切需要在接合的两面（图中C），则胶合面积更少，采用木钉可使其更牢固。

（3）转角多缺榫接合。加强接合的一种方式是借着增加胶合面积来获得，从而让接合具有更多的舌榫。但如果舌榫太多，则舌榫或将太薄而致使所剩的木材在胶合上造成浪费。一组件等分为三通常较为理想（图4-61）。这种情形

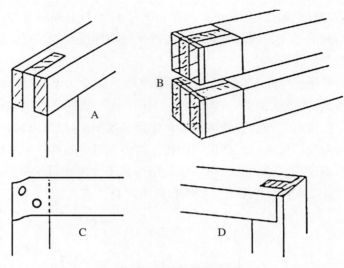

图 4-59　转角三缺榫接合

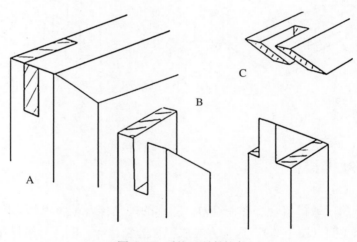

图 4-60　斜切三缺榫接合

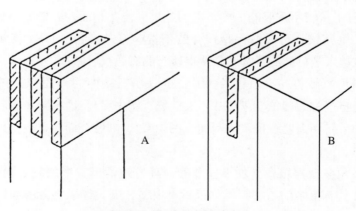

图 4-61　转角多缺榫接合

可以用于 T 型接合，特别是用于转角接合更为有利（图中 A）。此类接合也可在其两侧成斜接（图中 B）。贯穿组件的部分可获得很大的强度，若为三缺榫接合则将使强度不足。

（4）斜锥三缺榫接合（图 4-62）。三缺榫接合的缺点是一组件由于置于一大组件上时厚度减少而会削弱其强度。这对另一组件而言可能会成比例地增加其强度。为了平衡这两个组件的强度，可采用斜锥形式的接合，微量的锥度即有足够的作用（图中 A），将其锥度延长并在顶部汇成一点（图中 B）或半贯穿（图中 C）。

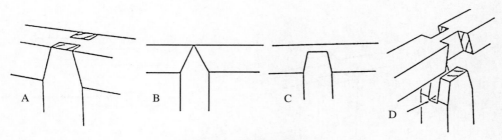

图 4-62　斜锥三缺榫接合

（5）阶梯三缺榫接合（图 4-63）。减少对窄小件削弱作用的另一种方法是另一组件的整个宽度缩小距离，其他的部分则切削一半的宽度。

（6）端部三缺榫接合。端对端接合采用三缺榫较为合适的例子是：一较宽或成型的组件被安排在一长平行组件上时，可以避免为了成型而以宽大的组件来切削，此情形可以在大门的装饰顶部看到（图 4-64）。凸出部分（图中 A）可以成型或雕刻，但是要接合的部分要削窄到与另一组件的尺寸相同，舌榫至少要与木材的宽度一样长（图中 B）。如果方材很厚，则可以区分为五等分而不

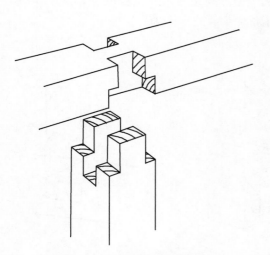

图 4-63　阶梯三缺榫接合

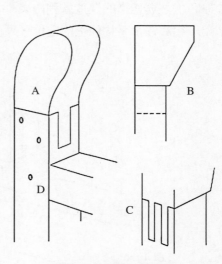

图 4-64　端部三缺榫接合

是三等分（图中C）。这种类型接合的门通常有木钉贯穿过其他的接合，因此木钉亦适合贯穿过此三缺榫接合（图中D）。

（7）桌脚三缺榫接合（图4-65）。于桌面转角处的横挡与桌脚的连接最好采用方榫接合，如果桌子底下有中间支脚，则较好的接合是采用桌脚三缺榫接合。因为支脚的厚度较横挡厚，故横挡可以比相同厚度组件接合在一起时所切削的量为少（图中A）。切削的量依相对的厚度而定，但是无须切削太多，只需提供合适榫肩来让支脚直立即可（图中B）。圆或椭圆形桌面底下的顶部横挡做成连续的腿，其支脚可采取类似的接合。如果是厚的横挡圈或较大直径的桌子，则可直线横切（图中C），否则接合的部分必须也成曲线加工（图中D）。

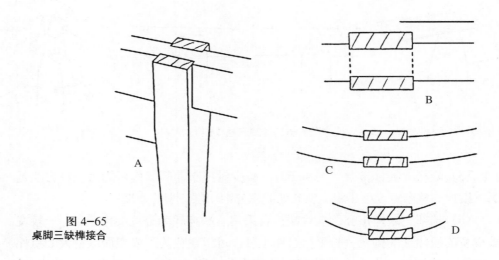

图4-65
桌脚三缺榫接合

（8）切槽三缺榫接合（图4-66）。两相同厚度组件间的T型接合在许多情况下是要求简单的形式。这种形式是中央腹板可以切削成比组件厚度的1/3稍厚，但是要切槽的深度就稍微减少，另一组件则无须切削那么多（图中A），使用于柱底在水平构件上的定位可采取不贯穿形式（图中B）。

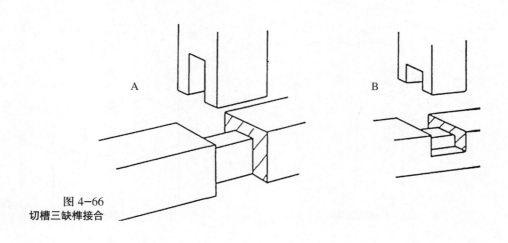

图4-66
切槽三缺榫接合

（9）成型三缺榫接合（图4-67）。三缺榫接合也适合于成型外观的组件与直线组件的连接，转角可以实现内凹或凸曲面或与直线组件之间的接合。有时候为了外观的原因需要曲线来穿过，必须切削成曲面的榫肩（图中A）。但是大多数的榫肩形状是直线，让插入的部分较长，等胶合剂硬化后再行切削（图中B）。

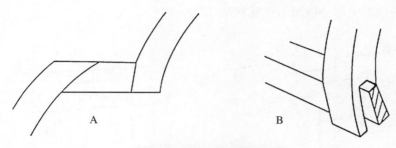

图4-67　成型三缺榫接合

（10）曲头转角三缺榫（图4-68）。当两组件以一般或多缺榫接合在转角处会合时，通常是其中一组件嵌进且平搭顶着另一组件的前缘。其外观可借着前头的斜切来改善。也可另外使用动力来改变曲线的接合表面，从而加工出吸引人的门片或框类，这种方法可以增加框架的装饰性。外侧的榫头可部分切成曲线，这样可以留下较多的叠合而较直线斜切有更多的胶合面积，一角落到另一角落的斜切可加工成一曲线或让其成一波浪线。

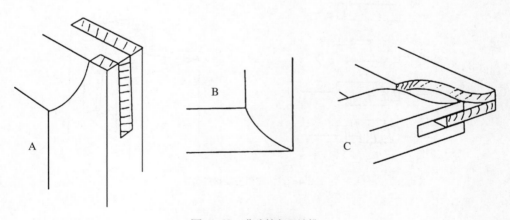

图4-68　曲头转角三缺榫

（11）鸠尾三缺榫接合（图4-69）。当一组件的端部以T型半搭接合的形式嵌进另一组件时，或许可以采用鸠尾方式代替方形表面的加工来加强其连接。如果组件有相同的厚度，则鸠尾形状可以横向成直线切削（图中A），其外侧舌榫的组件有很小的榫肩。此两组件主要以谨慎的锯切及扁錾子进行小部分的錾削工作来完成鸠尾三缺榫。鸠尾成平行切削，在把端面部分敲进时会有些困难，特别是切削成紧密配合时更甚。有一种方式能够让组合容易且当组件完全配合时能获得最大的紧密度，此方法是让接合成一微量的锥度（图中 B）。如果外侧舌榫的组件较另一组件还厚，如桌面或台面底下的横挡要穿过桌脚的顶部（图中 C），则其鸠尾可做于内部。横挡的做法与前面的接合类似，只是鸠尾加工做于支脚的内侧，鸠尾从顶部收向一侧或两侧（图中 D 和 E）接合内侧的两面成斜面的方法在大部分情况下较受欢迎（图中 F）。

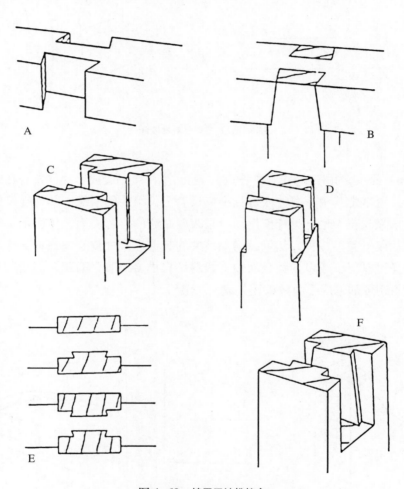

图 4-69　鸠尾三缺榫接合

1 木框榫接合的形式和适用范围

榫接合是框架结构家具中零部件之间接合的基本形式，其接合形式有：方材的直角接合或斜角接合，拼板的直角接合或斜角接合，方材长度方向的端接合，以及拼板的边接合。各类接合的形式及适用范围见表 4-1 所列。

（1）木框直角接合。其接合形式和适用范围见表 4-1。

表 4-1　木框直角接合的接合形式和适用范围

名　　称	接合形式	适用范围
开口贯通单榫		一般用于建筑上木门窗的角接合，家具上用得较少
开口贯通双榫		一般用于断面较大的建筑木门窗的角接合，接合后较牢固，常以木销钉作附加紧固件
开口不贯通单榫		适用于有面板或底盘等覆盖的框架，如各种框式家具上下横挡的接合
开口不贯通双榫		该接合形式可防止零件扭动，适用于断面较大的，有面板、底架覆盖的框架角接合

名　称	接合形式	适用范围
半开口（半闭口）贯通单榫		榫头厚度方向半显露，榫端部分显露在外。接合强度较大，美观较差，适用于各类柜、门框架角接合
闭口不贯通双榫		可防止零件扭动，适用于门、窗、抽屉等框架上下横挡的接合，传统家具和农村木制品中常见
闭口不贯通纵向双榫		适用于较宽断面框架角接合，如桌子、茶几的望板与脚的接合
直角落槽双截肩单榫		适用于安装嵌板的框架接合，如有嵌板的家具旁板、门板的框架接合
半斜角落槽耸肩榫		适用于安装嵌板的框架接合，其斜肩部位可根据造型需要铣出各种型面。常用于有嵌板结构的家具门扇、旁板等框架的接合
铲板平肩榫		适用于一面或两面带有铲口的框架接合，常用于家具中装板结构的门扇和旁板框架的接合
铲板耸肩榫		适用于四边铲板的框架接合，常用于家具中装板结构的门扇和旁板框架的接合
铲板半斜角榫		俗称"小夹角"。铲口处安装镜子或玻璃，斜面部位可显出各种型面。常用于安装玻璃或镜子的门框、玻璃框或陈列柜的框架接合

名　称	接合形式	适用范围
榫槽串嵌接合		适用于两面覆胶合板的双包镶板部件内的木框接合
插入圆榫		适用于柜体中木框、脚架角接合和中撑接合。在板式家具中，作板部件接合时的导向用
燕尾榫		比开口直角榫接合牢固，榫头不易滑动，常用于长沙发框架的脚架角接合
落槽斜棱角肩榫		适用于装有嵌板的框架接合，如办公家具中的书柜、文件柜、写字台等门框的接合
落槽截肩贯通单榫		适用于木框嵌板结构的接合，如柜类家具的门梃与帽头的接合

　　（2）木框斜角接合。斜角接合是将需要接合的方材端面的双榫肩或单榫肩切成 45° 的斜面，再进行接合的一种形式。其接合形式和适用范围见表 4-2。

表 4-2　木框斜角接合的接合形式和适用范围

名　称	接合形式	适用范围
单肩斜角开口明榫		适用于大箱框及桌面板镶边等角接合

名　称	接合形式	适用范围
俏皮割角单榫		俗称"表面大夹角"，根据需要斜肩可加工成任意角度。适用于断面较窄、强度要求大的框架接合，如柜类底座和桌子脚架等接合
俏皮割角落槽单榫		根据需要斜角可加工成任意角度。适用于仿古家具框架的接合，如大衣橱、小衣橱等的旁板、门扇、面板的框架角接合
俏皮割角铲板单榫		根据需要斜角可加工成任意角度。适用于仿古家具框架的接合，如橱柜、陈列柜、书橱的门扇、旁板的框架接合
俏皮割角双榫		斜肩可加工成任意角度。适用于断面较大的框架接合，如形体较大的橱柜类家具移门上下横挡的接合
单肩斜角开口不贯通双榫		斜肩可加工成任意角度。适用于断面较小的框架接合，如橱柜类家具上下横挡的接合
双肩斜角暗榫（单榫）		俗称"大夹角"。适用于断面较小的夹角榫的接合，如柜类家具中顶框、底框和镜框等角接合
双肩斜角交叉暗榫		适用于断面较大的夹角榫接合，如衣橱顶框和沙发扶手的接合

中国传统家具　榫卯结构

名　称	接合形式	适用范围
双肩斜角交叉贯通榫		适用于断面较大、较低档的框架接合，如大镜框、仿古茶几、沙发内框架的接合
双肩斜角内铲口暗榫		适用于断面较小的夹角榫接合，如柜类家具中门扇和各种底座的接合
双肩斜角内铲口单榫		适用于断面较小的夹角接合。在传统家具和仿古家具中应用较多，如橱柜、书柜等低矮家具的门板接合
双肩斜角贯通明榫		适用于大镜框及桌面板镶边、仿古茶几、沙发扶手内框的角接合
双肩斜角贯通双榫		适用于断面较大的角接合，如平板结构的床屏木框与仿古旁脚木框的角接合
双肩斜角不贯通双榫		适用于断面较大的框架角接合。接合强度高，常用作木床下框及茶几脚架等
双肩斜角插入明榫		适用于断面较小的斜角接合，插入的板条可用实木、胶合板或金属板，常用于镜框角接合

第四章　中国传统榫卯结构在传统家具中的应用

名　称	接合形式	适用范围
双肩斜角插入暗榫		适用于断面较小的斜角接合，插入的板条可用实木、胶合板或金属板，常用于镜框角接合
双肩斜角插入圆榫		适用于各种斜角接合。因要求钻孔正确、强度较小，故在传统家具中应用较少

（3）木框中部接合。木框的中部接合有横撑和竖撑，主要起木框的加强作用，常用的接合见表4-3。

表4-3　木框中部接合的接合形式和适用范围

名　称	接合形式	适用范围
整体单榫		适用于各种木框的中部接合，如橱柜类家具、桌类家具中的面板、门扇、旁板等竖撑，木框中撑及各种拉挡，应用极广
整体双榫		适用于各种断面较大的中撑接合，如橱柜类家具、桌类家具等横挡的接合
插入圆榫		适用于木框中撑接合，在应用整体单榫和双榫部位，亦能用插入圆榫
丁字钳接榫		适用于橱柜类家具中木框的中撑接合，如大小衣橱、写字台等的中旁、中脚的接合

名　　称	接合形式	适用范围
单肩后耸肩榫		适用于橱柜类家具中木框的中撑接合，如小衣橱中隔板的立柱、木床底座及写字台立柱等处的接合
十字搭接榫		适用于内外框架的接合，如室内装修时木吊顶、木隔断框架，家具中台面、床屏内部框架，以及柜类、写字台等抽屉架的接合
十字平接		适用于内外框架的接合，如室内木隔断框架，家具中台面、床屏内部框架，以及柜类、写字台等抽屉架的接合
单截嵌榫		适用于橱柜类家具中框架的中撑接合，如小衣柜中、旁脚及写字台立梃等的接合
插销贯通榫		适用于仿古家具、农具和经常运动的工具中的框架中部接合，如磨砂用的木模子、豆腐架、木蒸笼，小孩用的摇篮，建筑上的木屋架，以及仿古桌、案等的框架中撑接合
厚薄夹角插肩榫		适用于橱柜类家具中撑的接合，如传统家具和仿古家具中的柜框和拉脚挡等的接合

第四章　中国传统榫卯结构在传统家具中的应用

名　称	接合形式	适用范围
夹角插肩榫		适用于橱柜类家具中撑的接合，是一种较复杂、技术要求较高、便于线型处理的结构。如柜框和拉脚挡等的接合。若经截口和铣槽，可做玻璃柜门扇的旁、中挡接合
包肩夹角榫		适用于橱柜类家具中撑的接合，也用于木门窗的中挡接合。接合时可使用任意角度
圆柱后包肩榫		适用于圆柱体或半圆柱体。一般用于中撑或框架接合，如圆柱形桌脚的脚架、拉挡等的接合
错位直角榫		用于竖方断面不大的直角接合。纵横方材榫端相互减配、插配。常用于椅、柜的框架连接
插配直角榫		用于直角接合，竖方断面不够大，结合强度可略低，用开口榫、减榫等方法使榫头上下相错。适用于柜体框架上角连接
横竖直角榫		用于直角接合，或弯曲的侧望、后望相对装入腿中。其制作相对两榫头的颊面一横一竖，保证后望榫长，侧望榫接用螺钉加固。主要适用于扶手椅后腿与望板的连接

2 箱框的接合形式和适用范围

箱框是由四块以上的板材或拼板按一定的接合方式构成的，箱框的接合形式有直角接合、斜角接合和中部接合，其接合形式在框式家具中一般采用榫接合，具体情况见表4-4。

表4-4　箱框的角接合、中部接合的形式和适用范围

名　称	接合形式	适用范围
1. 贯通开口直角多榫		适用于抽屉的后板与旁板接合及各种箱框的角接合
2. 贯通开口斜形多榫		适用于家具中抽屉的后板与旁板的接合，以及各种仪器、木箱的角接合
3. 贯通开口燕尾多榫		适用于家具中抽屉的后板与旁板的接合及其他箱框接合。其榫头厚度宽边为9厘米、窄边为5厘米，榫头长度要比榫沟的宽度长2厘米，接合后刨平
4. 槽榫		适用于家具中抽屉的面板、后板与旁板的接合，以及家具中包脚板的接合
5. 插入槽榫		与直角接合槽榫用法相同
6. 插入榫		插入榫可用直角榫或圆榫，适用于各种箱框的接合

名　称	接合形式	适用范围
7. 半隐燕尾榫		适用于抽屉面板与旁板的接合
8. 全隐燕尾榫		适用于端面不外露、装饰性好的箱框、包脚、底座等接合
9. 插入槽榫		适用于橱柜类家具的包脚及小型仪器箱
10. 槽榫		与斜角接合插入槽榫相同
11. 十字条榫		适用于包脚及仪器箱，需专用机床加工，接合后紧密、牢固
12. 燕尾槽榫		常用于传统橱柜类家具中的搁板与旁板的接合
13. 直角槽榫		适用于箱框的中撑、隔板，以及橱柜类家具搁板等接合
14. 直角多榫		与直角接合槽榫用法相同

名　称	接合形式	适用范围
15. 插入圆榫		与直角接合槽榫用法相同
16. 插入槽榫		与直角接合槽榫用法相同

注：1~5 为直角接合，6~11 为斜角接合，12~16 为中部接合。

3 方材的纵向接合

纵向接合又称搭接，常用于板、方材纵向接长和环形等零件或弧形零件的接合上。其接合形式和适用范围见表4-5。

表 4-5　方材纵向接合的形式和适用范围

名　称	接合形式	适用范围
指形榫		适用于建筑上的内门木构件、地板条及建筑木构件的接长
齿形榫		适用于建筑上的内门木构件、地板条及建筑木构件的接长
钩形榫		适用于建筑上的内门木构件、地板条及建筑木构件的接长
直角榫		适用于弯曲、圆环形内部框架接合，如家具中曲线形包脚，以及圆桌面镶边、圆形型板及内部框架的搭接

(续表)

名　称	接合形式	适用范围
燕尾榫	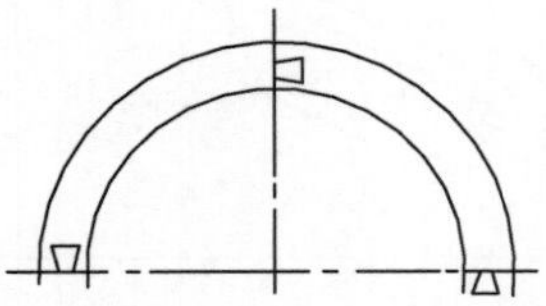	适用于弯曲、圆环形内部框架接合，常用于圆桌内部框架的接合
插入方榫	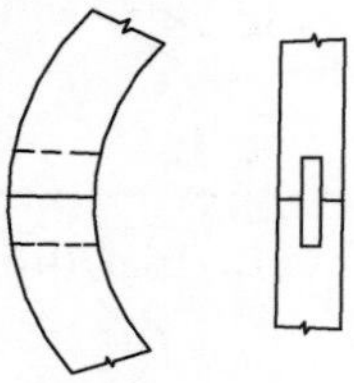	适用于弯曲、圆环形内部框架接合，常用于圆桌内部框架的接合
插入圆榫	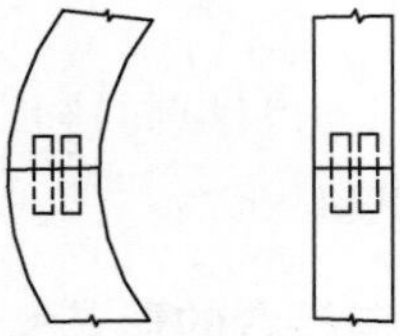	适用于受力不大的部位，如镜框圆角、椅子扶手圆角的接合
搭接榫	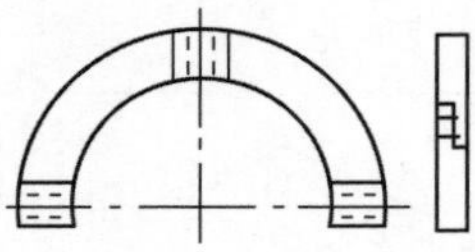	常用于内部圆形材料，搭接时需要用木螺钉或竹钉加固
楔钉榫	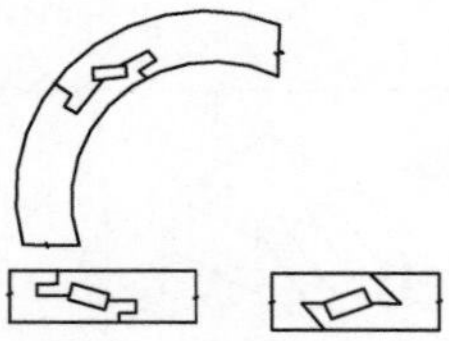	适用于受力较大的曲、直线外部框架的搭接。接合时依靠竹楔或硬木楔使弧形零件紧密牢固地接合在一起，如大餐桌、圆桌的望板的拼接
外侧闭口直角榫	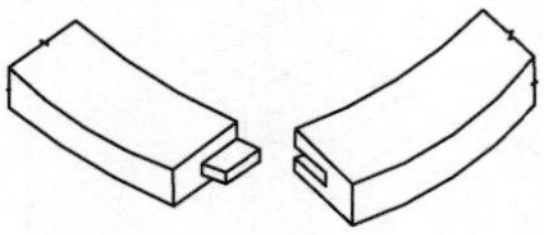	适用于弯曲、圆环形外部框架的搭接，如椭圆形或圆形桌面复线的接合

五 传统榫卯结构形式及使用综览

红木家具大部分继承了明、清家具的传统工艺，单凭榫卯就可把各种部件组装在一起成为一件精美的家具。榫卯设计之科学、工艺之精湛、结合之严密，令人惊叹不已。

常言道："工欲善其事，必先利其器。"由于科学的发展、技术的进步，现代红木家具的生产除个别的地方仍采用雕刻、镶嵌外，几乎全部采用专门机械生产；再加上操作者都经过培训，匠师们能熟练掌握机床，开出的榫卯更精确，家具部件组装在一起更严丝合缝，这使得家具更加好看、牢固、耐用。

匠师们之所以能随心所欲地制造出各种各样的榫卯来，是因为除了他们本人有高超的技艺外，其用材的质量也非常重要。红木包括八类木材，它们的共同特点是：木材结构细（平均管孔弦向直径≤ 20 微米）、质量重（含水率为 12% 时，气干密度 > 0.76 克 / 立方厘米）、劲度和硬度高等。可以说，没有这样高质量的木材，就难以生产出高级家具；否则，即使生产出来，也会因为木材强度不够而导致榫卯结合不牢固，家具也不可能成为经久耐用的传世精品。对红木家具来说，榫卯结构加工如何是判断红木家具质量问题的关键之一。

红木家具的榫卯结构比较复杂，可分为几十种，即使是同一榫卯结构，不同的人有时对其的称谓也会不同，要想搞明白需要专门研究。为了统一，这里根据王世襄《明式家具研究》中所讲的具有代表性的榫卯结构进行介绍，使读者有一大概了解。

1 龙凤榫加穿带

做桌面、案面和柜门等需要较宽的木板，当一块木板不够宽而需要两块或三块甚至三块以上的木板拼起来时，就可采用"龙凤榫加穿带"的方法（图4-70）。

为了使木板接合牢固、不易翘裂，在一块木板的长边断面上刨出上大下小

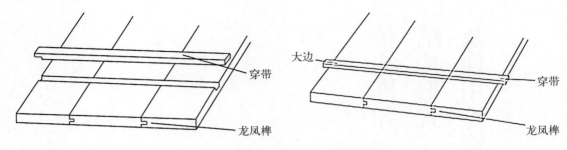

图 4-70　龙凤榫加穿带

的长榫，再把与它相邻的拼板长边开出对应的木槽，把两块板拼在一起，这样的榫卯就叫"龙凤榫"。这样，不但加宽了板面，同时也防止拼板横向拉开和上下翘错。

如果两块木板刚好够宽，但榫舌不够宽时，也可以在两块木板上都开槽，中间嵌一根木条作榫舌。

拼板做好后，在横贯拼板的背面，开一上大下小的槽口，称为"带口"。做一根与带口形状大小相反的梯形木条，名叫"穿带"。将带口及穿带的梯形长榫做成一端稍窄、另一端略宽，安装时，由长榫宽处推向窄处。穿带两端出头留作榫子。穿带数量视拼板的宽度而定，一般以每隔 40 厘米一条为宜。

在拼板四周刨出的榫舌叫"边簧"，以便装入木框内。

2　走马销

罗汉床（图 4-71）围子与围子之间或围子与床身之间常用到走马销（图 4-72）。走马销是栽销的一种，又叫"桩头"，是一种用于可拆卸家具部件之间的榫卯结构。由于拆卸时榫头易磨损，甚至损坏，出于维修方便的目的，也避免因榫头损坏而使家具部件报废的情况，因此多采用挂榫结构，即常用

图 4-71
罗汉床

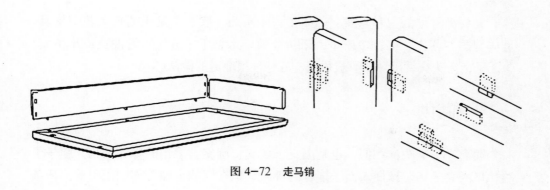

图 4-72　走马销

一块独立的木块做成榫头栽到构件上去，来代替构件本身做成的榫头。一般将其安在可装卸的两个构件之间。独立的木块做成的榫头形状是下大上小，榫眼的开口是半边大、半边小。榫头由大的一端插入，推向小的一边，就可扣紧。

　　走马销用燕尾状栽销连接，其巧妙的结构可使两者既紧密结合，又能拆卸自如，所以又名"仙人脱靴"。另外，这也是太师椅扶手上最常见的方便用销。

3　夹头榫

　　夹头榫是从北宋发展起来的一种桌案的榫卯结构，它实际上是连接桌案的腿子、牙边和角牙的一组榫卯结构（图 4-73）。使高桌的腿足有显著的侧脚来加强它的稳定性，又把柱头开口、中夹"绰幕"的造法运用到桌案的腿足上来。制作时腿足在顶端出榫，与案面底面的卯眼接合。腿足上端开口，嵌夹牙条及牙头，故其外观腿足高出在牙条及牙头之上。此种结构是利用四足把牙条夹住，连接成方框，上承案面，使案面和腿足的角度不易变动，并能很好地把案面板的重量分散，传递到四条腿足上来。

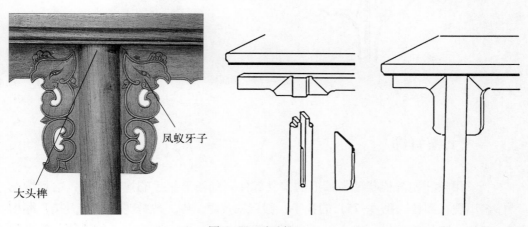

凤蚁牙子

大头榫

图 4-73　夹头榫

夹头榫常见的三种形式：①牙子、牙头为一联，常见于明代黄花梨家具，是典型的"苏作"工。②牙子、牙头分做，常见于"苏作"的油桌或小条案。③牙子、牙头交替出现45°割角线，是一种很地道的做法。

4 插肩榫

插肩榫与夹头榫相似，也是酒桌、条案、画案常采用的榫卯结构。腿子上端开口嵌夹牙条，榫插入面子边框的榫眼，但在腿的上端外部削出斜肩。牙条与腿部相应大小的槽口，当牙条与腿部扣合时，即将腿的斜肩夹起来，形成平整的表面。当插肩榫的牙条不受力时，与腿的斜肩结合得更紧密，这就是插肩榫与夹头榫的不同之处。

腿足顶端有半头直榫，与案面大边上的卯眼连接。腿足上端的前脸做出角形的斜肩，牙板的正面上剔刻出与斜肩等大等深的槽口。装配时，牙条与腿足之间是斜肩嵌入，形成平齐的表面；当面板承重时，牙板也受到压力，但可将压力通过腿足上斜肩传给四条腿足；当腿足承受桌案压力的同时，牙条便和斜肩咬合得更紧。

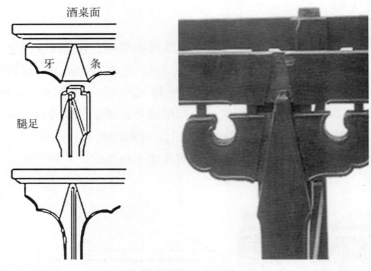

图 4-74　插肩榫

5 楔钉榫

用来连接圆棍状又带弧形的家具部件，如圆形扶手的榫卯结构，这种情况多出现在圈椅（图4-75）的扶手、圆形家具中。圈一般分为三接、五接，即用三块、五块弧形短材组合而成。两根圆棍各去一半，做手掌式的搭接，每半片榫头的前端都有一个台阶状的小直榫，插入另一根圆棍上的凹槽中，这样便可使连接部不能上下移动。然后在连接部的中间位置凿一个一端略大的方孔，再做一个与此等大的四棱台形长木楔，将一枚断面为方形、一边稍粗、一边稍细的楔钉（图4-76）贯穿过去，便能保证两个小直榫不会前后左右脱出。

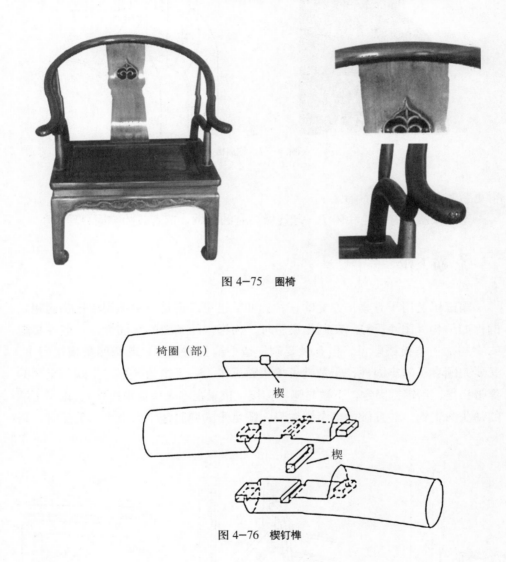

图 4-75　圈椅

椅圈（部）

楔

楔

图 4-76　楔钉榫

6　抱肩榫

抱肩榫被广泛用于有束腰的各种家具上，是腿足、牙条、束腰和面子的结合（图4-77）。在腿的上端留一长一短两个榫，长榫插入大边的榫眼上，短榫插在抹头的榫眼上。在束腰部位以下，切出45°斜肩，并凿出一个三角形榫眼，以便与牙子45°斜尖及三角形的榫子相合。有的在斜肩上还留有上小下大、断面为半个银锭形的挂钩，与牙条背面的槽口套挂，这样做可使腿足和牙子接合

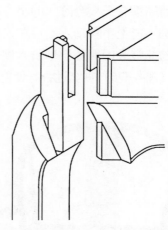

图 4-77 抱肩榫

得更紧密。

至于束腰，有的是和牙子一起连做，有的分做，前者较为牢固合理。

7 霸王枨

霸王枨是用于方桌、方凳的一种榫卯，也可以说是一种不用横枨加固腿足的榫卯结构（图 4-78）。在制作桌子时，为增加四条腿的牢固性，一般在桌腿的上端加一条横枨即可。但有时要制作造型清秀的桌子，既嫌四条横枨碍事，又要兼顾桌子的牢固性，于是就可采用霸王枨。霸王枨为 S 形，上端与桌面的穿带相接，用销钉固定，下端与腿足相接（位置在本来应放横枨处）。枨子下端的榫头向上钩，并且做成半个银锭形。腿足上的榫眼是下大上小。装配时，将

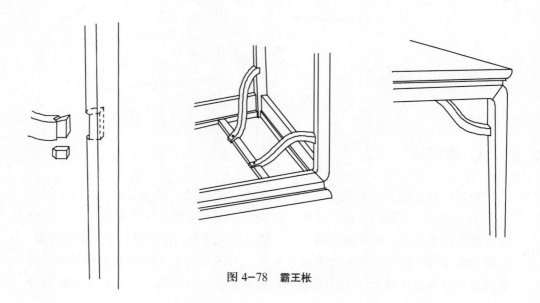

图 4-78　霸王枨

霸王枨的榫头从腿足上榫眼插入，向上一拉，便钩挂住了，再用木楔将霸王枨固定住。

8 燕尾榫

无论是大木作的房屋木架上的升斗结构，还是小木作家具中的挂销、串销，以及抽屉箱柜的明扣、暗扣，都有利用燕尾结构的原理。带托泥的家具，现如今大多是凿眼或栽木销使腿与托泥相连。而在宫廷造办处和明式家具的精品上，它的结构却是由托泥的两条边各出一半燕尾，腿子的下端出梯形榫，这样腿子与托泥组装在一起形成合拍燕尾榫卯。这种结构的好处是只要托泥不散架，腿子就永远不会与托泥分离。

用作抽屉的立墙是两块木板直角相交的。为了防止直角拉开，多将榫做成半个银锭形，这就是家具中称的"燕尾榫"。燕尾榫有下面几种制作方法（图4-79）：

（1）两面都可见的明榫，此种方法在普通家具中常见。

（2）正面不露榫，侧面露榫，称为"半隐燕尾榫"。

（3）正面和侧面都不露榫，称"闷榫"或"暗榫"，或称"全隐燕尾榫"。高级家具多采用这种做法，其优点是不破坏构件表面，外面整洁、好看，增加装饰效果。如4~5厘米厚的三块木料做的坑条或条几即有此种做法。缺点是对工艺技术要求较高，且坚固性差。

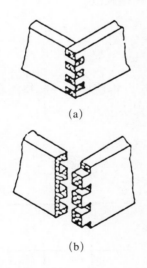

(a)

(b)

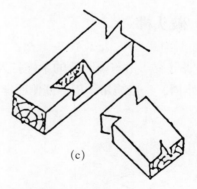

(c)

图 4-79
燕尾榫的三种形式
（a）明榫；（b）半隐燕尾榫；（c）全隐燕尾榫

9 巴掌榫

两构件各去一半，相互扣合，形如巴掌，故名。多用于圈椅的扶手与靠背的环形组合。通过榫头接合，巴掌榫两边用方形断面木销钉连接，形成一个连

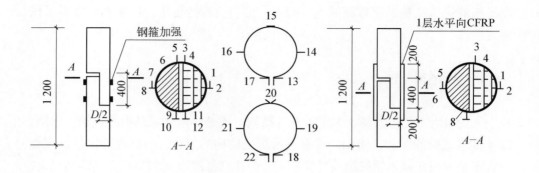

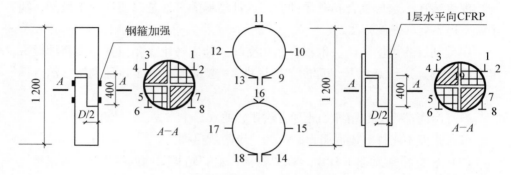

图 4-80　建筑柱式中的巴掌榫

续的椅圈，通常在两端以向外卷曲和做云头形作为装饰。图 4-80 为建筑柱式通过巴掌榫连接的结构，未在家具腿部发现其连接做法。

10 破头榫

将榫头劈裂，用与榫同厚的木楔打入榫头，再将榫头一起挤压在卯眼里，使之更加牢固。一般施用于柜、橱侧面穿带的榫头上（图 4-81）。

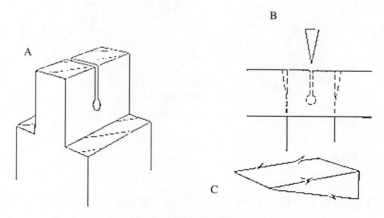

图 4-81　破头榫

11 挤楔

挤楔是一头宽厚、一头窄薄的三角形木片，将其打入榫卯之间，使两者接合严密。榫卯接合时，榫的尺寸要小于眼，两者之间的缝隙则须由挤楔备严，以使之坚固（图4-82）。挤楔兼有调整部件相关位置的作用。

12 大进小出楔

大进小出楔是在半楔的基础上，用较壮而规整的木楔穿透家具表层将半榫备牢，省工省料，既美观又坚固（图4-83）。这种楔一般用在两层材料不一致的家具之上，也可在断损的榫的修复上使用。

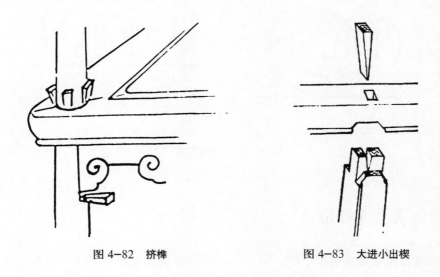

图4-82 挤榫　　　　　　　图4-83 大进小出楔

13 破头楔

通常是在透榫端部靠近外侧的适当位置，预先锯开楔口，待榫入卯后，再备入楔子，使榫头体积加大。此楔口也可以临备楔前用凿子刻开。常用在攒边的桌面、椅面、床面的四角等结构部位的透榫上（图4-84）。

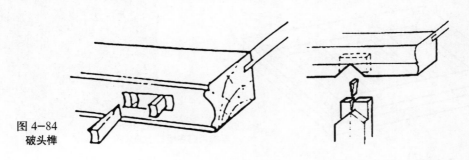

图4-84
破头榫

破头楔用在半榫之内，易入难出。它一旦在半眼的卯里撑开后，榫头将很难再退出，是一种没有可逆性的独特而坚固的结构，最适宜用在像抽屉桌面下的矮老等悬垂而负重的部件上。这种做法不常使用，因为它没法修复，被称为"绝户活"。

14 卡子花结构

这种结构本来是用木楔与横、竖材连接的，在此改用圆棒榫连接（图4-85）。

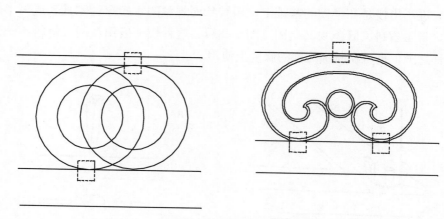

图4-85　卡子花结构

15 苏作半榫用钉

中国古典家具发展到了明、清之际，除部分民间家具外，大部分宫廷家具及城市高档家具均采用了南洋的硬质木料。外表经水磨烫蜡处理，非常华美；内部则处理成半榫、闷钉、抄手榫等形式，保护家具外观的纹理齐整、线条顺畅（图4-86、图4-87）。

图4-86
苏作半榫用钉

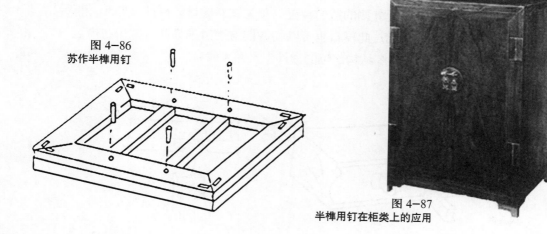

图4-87
半榫用钉在柜类上的应用

16 修理断腿的钉

在北京的旧家具行，修理那些不散架的家具或断损的家具时，往往首先使用三簧钻打开原有的旧钉，或者开孔打入新钉，以恢复原有面貌（图4-88）。三簧钻是北京匠师特制的一种钻具。

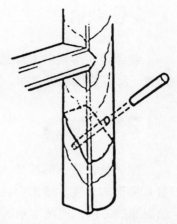

图4-88　修理断腿的钉

17 透销

透销是在栽销的基础上，使销子延长并通透于其一板材的中心。多见于大型的铁力、紫檀等床案厚重的牙板与大边的拍合，十分坚固（图4-89）。

18 插销

镜框、玻璃灯笼、碧纱橱等多见用这种销法，制作要求精致，起线并暗藏于线条之中（图4-90）。

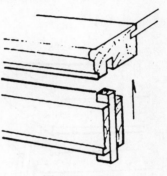

图4-89　透销

19 钉销

"钉"，是指竹钉，不是铁钉。在中国古典家具中，除西北干燥地区偶见用铁钉外，其他地区极少以铁为钉。用铁钉是中国古典家具工艺之大忌。竹钉断面多为圆形，间或也有方形。"销"，是指两顺向木材间用于管束其相关位置的小木块，管而不死，可拆卸活动（图4-91）。

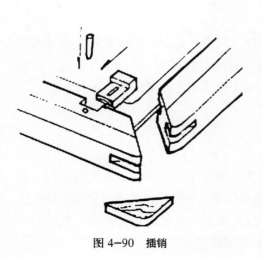

图4-90　插销

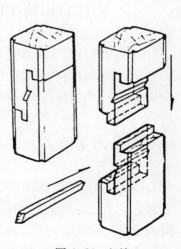

图4-91　钉销

20 栽销

栽销是在两顺向木材之间凿眼垂直栽上的薄方木片，以连接固定两者间的位置。如在桌面心板之间，以及床牙板与大边之间等（图4-92）。

21 穿销

穿销是在栽销的基础上延长其一端，使其贯穿于牙板的内侧，一般穿销通常有梯形的角度，边沿有燕尾形的榫口，可在增加部件强度的同时，管束其干缩湿胀的方向，使两木永远贴紧（图4-93）。

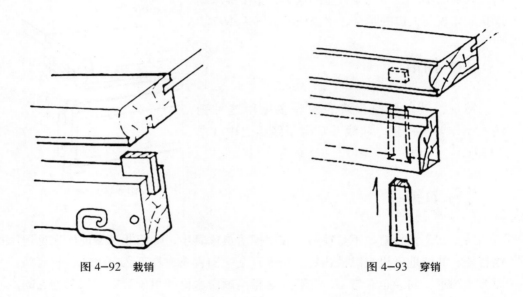

图4-92　栽销　　　　　　　　　　　　　　图4-93　穿销

22 明式官帽椅上的管门钉

苏式家具通身无一处透榫，也不施胶，只是在几个关键部位用几枚竹钉来固定。这种竹钉俗称"管门钉"，取自古代管城门的兵士"管门丁"之意。如图4-94所示，搭脑与扶手上的四颗竹钉其实起到了固定全身的作用。

23 六子联芳

榫卯作为木作的结构方式和技术形式是内在性的，一般不为人所注目，但它却是工匠艺人必须具备的基本技能；也可以说，匠艺的高低通过榫卯的结构能清晰地得到反映。因此，榫卯成了木作技艺训练与传承的主要内容。在民间的木作行业中，有一种独特的榫卯结构体，在苏浙地区被称作"孔明锁"，在广东、广西被称作"鲁班锁",在河南、河北人们称之为"别闷棍",它是由六根长短粗细相同的短木因不同的榫卯结构组合在一起的"器物"——六子联芳。"方木六根,中间有缺,以缺相拼合,作十字双交,形如军前所用鹿角状,则合而为一;若分开之,不知其诀者,颇难拼合。乃益智之具,若七巧板、九连环然也。其源出于戏术家,今则市肆出售,且作孩稚戏具矣。然则追源溯本,不可不存焉。"六根短木用"礼、乐、射、御、书、数"的"六艺"之名相冠(图4-95)。

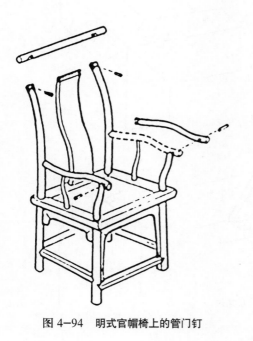

图4-94 明式官帽椅上的管门钉

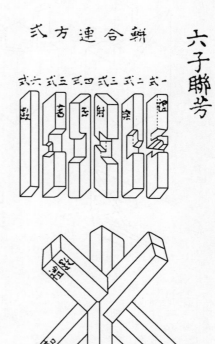

图4-95
六子联芳

24 粽角榫

因其外形像粽子角而得名,从三面看都集中到角线的是45°的斜线,又叫"三角齐尖"。多用于框形的连接。另外,明式家具中还有"四平式"桌,其腿足、牙条、面板的连接均要用粽角榫(图4-96)。

粽角榫是常用在桌子、书架、柜子等家具的榫卯结构,其优点是整齐、美观;不足是榫卯过于集中,影响家具的牢固性。如果是用在桌子上,则应有横枨或霸王枨等将腿固定,否则是不牢固、不耐用的。

桌子用的粽角枨与书架、柜子上用的略有区别,书架、柜子通常较高,腿上的长枨可以用透枨,因为它超出视线,不影响美观;而桌面要求光洁,所以腿足上的长卯不宜用透榫超出大边。

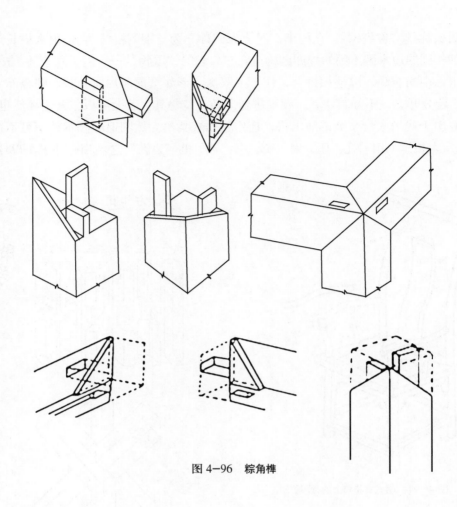

图 4-96　粽角榫

25 套榫

明、清椅子的搭脑不出挑，与腿交接处不用夹头榫，常用腿料作方挖出榫，
也俗称"挖烟袋"，搭脑部位则挖方形榫眼，套接，故名（图 4-97）。

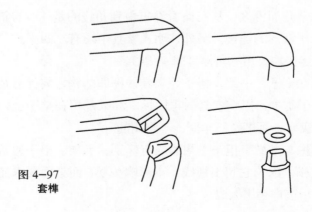

图 4-97
套榫

26 钩挂榫

榫眼做成直角梯台形，榫头也做成相应的直角梯台形，但榫头的下底面等于榫眼的底面，嵌入后斜面与斜面接合，产生倒钩作用。然后用楔形料填入榫眼的空隙处，再也不易脱出，故曰"钩挂榫"（图4-98）。

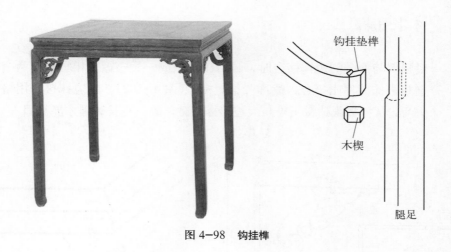

图 4-98　钩挂榫

27 格肩榫

传统家具横竖材料相交，将出榫料外半部皮子截割成等腰的三角尖，另一料在榫眼相应的半面皮子同样割成等腰三角形的豁口，然后相接交合，通称"格肩"。方材的"丁"字形接合，一般用交圈的格肩榫。它又有"大格肩"和"小格肩"之分："大格肩"即宋代《营造法式》小木作制度所谓的"撺尖入卯"（图4-99）；"小格肩"则故意将格肩的尖端切去，这样在竖材上做卯眼时可以少凿去些，借以提高竖材的坚实程度（图4-100）。另外，"大格肩"又有带夹皮和不带夹皮两种造法。格肩部分和长方形的阳榫贴实在一起，为不带夹皮的格肩榫，也叫"实肩"。格肩部分和阳榫之间还凿剔开口，为带夹皮的格肩榫，也叫"虚肩"。

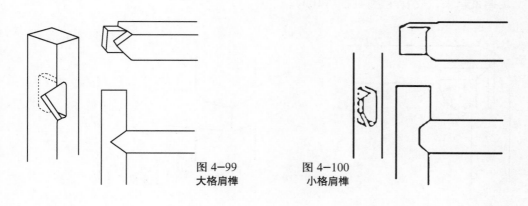

图 4-99
大格肩榫

图 4-100
小格肩榫

28 托角榫

角牙与腿足和牙条相接合，一般在腿足上挖槽口，与角牙的榫舌相接合，当牙条或面子与腿足构成的同时，角牙与牙条或面子都打榫眼插入桩头，故托角榫是一组榫卯的组合，不是指单一的构造形式（图 4-101）。

29 长短榫

一般腿部与面子的边抹接合时，腿料出榫做成一长一短互相垂直的两个榫头，分别与边抹的榫眼接合，故称"长短榫"（图 4-102）。因边抹接合用格角榫，抹头两边从打榫眼腿料出榫与大边出榫相碰，故只有长短榫才能牢固。

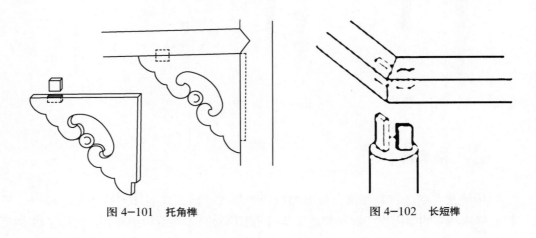

图 4-101　托角榫　　　　图 4-102　长短榫

30 裹腿枨

裹腿枨，又名"裹脚枨"，也是横、竖材"丁"字形接合的一种，多用在圆腿的家具上，偶见方腿家具用它，须将棱角倒去。裹脚枨的表面高出腿足，两枨在转角处相交，外貌仿佛是竹制家具用一根竹材煨烤弯成的枨子，因它将腿足缠裹起来，故有此名（图 4-103）。

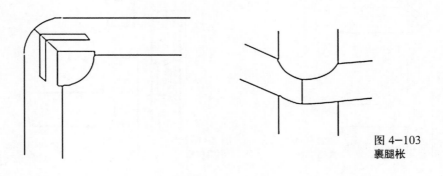

图 4-103
裹腿枨

31 夹花双头榫

此结构与桌面下群板相连，板一般厚 15~18 毫米，它把桌腿连接起来，板虽薄，但稳固性较强。群板插于两榫之间，下边加花板，组合时，花板带动群板同时插入两榫之间，既美观又稳固（图 4—104）。

32 斜面钩搭接

采用此种搭接的构件既能够承受压力，又能承受拉力。画线方法为：在斜面两端各画一边长为 20 毫米的小方格，把两方格的里角连起来作斜轴线。轴线左右各画一细线，细线距轴线 17 毫米，在斜轴线中间留出 20 毫米的楔口，照楔口线锯出楔口。组合时，把两构件由侧面装插，中间楔木销即可牢固（图 4—105）。

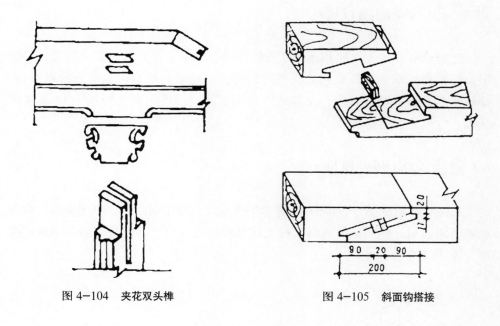

图 4—104　夹花双头榫　　　　图 4—105　斜面钩搭接

33 圆木的相交接合

（1）同直径相交。同直径垂直相接合，应遵守的规则是：榫头圆木的榫肩起点必在榫孔圆木的半径上，用圆规量取做孔圆木的半径，把一规脚扎入榫头圆木侧面线，就可画出榫头的落肩线（图 4—106）。

（2）不规则的圆木相交。不规则的圆木相交，用拖签画线法。签是用薄木片或竹片制成的，前端削成燕尾或尾尖。画线方法是：将一个尾尖蘸上墨水，贴靠榫头肩部，将另一尾尖紧靠榫眼边沿，由下而上，再由上而下，在榫肩处拖画出一条曲线，这条曲线就是榫肩曲线（图 4—107）。

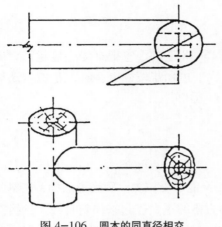

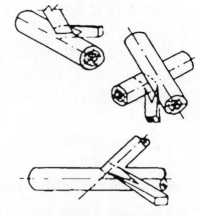

图 4-106　圆木的同直径相交　　　　　图 4-107　不规则圆木相交

34 三碰肩缩口榫

此结构难度较大，腿和桌面以长短榫结合，下面榫的落肩锯成斜形，并剔出夹口。群板端头也锯成斜形，并留出榫头，两面斜落肩抹胶后进行双接合，待胶干后，再刨削成弧形，交角成三碰尖形状，群板与面之间加上 18 毫米的条板。

35 包肩剔夹口榫

此结构在腿上端外面割去 17 毫米的榫皮，再做出斜落肩，剔出夹口，横撑也做出斜落肩，然后在竖横斜落肩上抹足胶进行双接合，待胶干后，刨成圆弧形（图 4-109）。

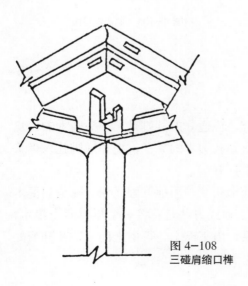

图 4-108
三碰肩缩口榫

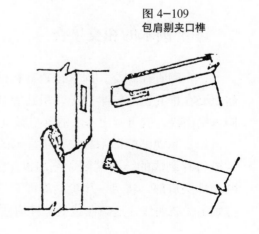

图 4-109
包肩剔夹口榫

36 挂榫

　　属楔形榫，此结构在腿上端做榫，落斜肩，肩上留有键榫，在横撑斜肩上做出沟槽，在榫槽双方施胶，认真组装，一次即成。这种做法也带有剔夹口的结构方法，明、清家具中有不少站牙都取挂榫做法。因榫头实为装入的楔子，故又名"挂楔"或"走马销"（图4-110）。

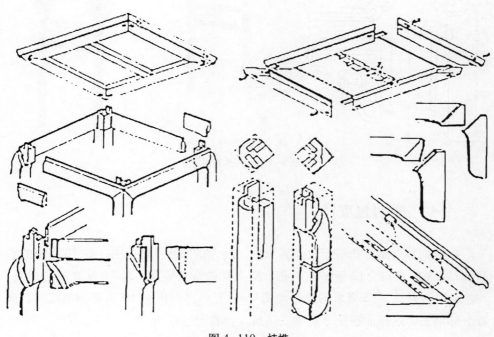

图4-110　挂榫

37 半燕尾扎钩挂榫

　　此结构凿孔时，孔的上端成燕尾形，下端相互垂直；榫上端头也是锯成燕尾形，下端不动。榫带胶插入榫孔，将榫上推紧，下端楔扎即可牢固（图4-111）。

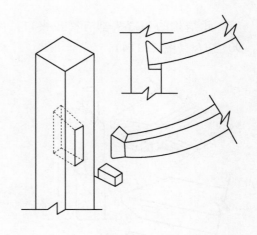

图4-111
半燕尾扎钩挂榫

38 托角装饰榫

此结构在桌腿与横撑交接处成90°，加块花板，既装饰又稳固。组合时，在腿撑上剔出长槽，再将花板带胶组装即可（图4-112）。

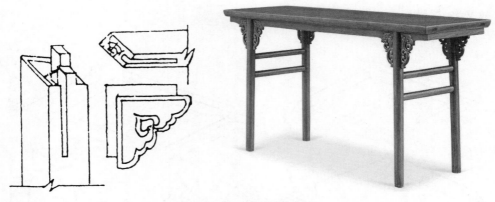

图 4-112　托角装饰榫

39 三碰肩包皮榫

此结构是桌面方角下面做成斜形肩，尺寸排列是自外向内，即10毫米的斜肩、7毫米的夹口、12毫米的眼孔。腿上端做成长短榫，即10毫米的包皮肩、7毫米的剔夹口、12毫米的榫头（图4-113）。榫周围除10毫米的包皮外，余者全部剔去，这样面腿接合既成三碰肩，也有大包皮角。

40 双交榫

此结构的各端头都有榫或夹口，榫肩均为斜形，榫肩做好后带胶双方成90°结合（图4-114）。

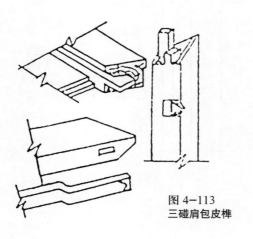

图 4-113
三碰肩包皮榫

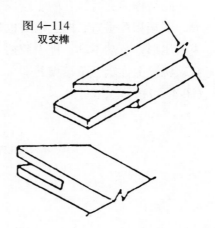

图 4-114
双交榫

41 钩结榫

此结构在两圆柱形构件端头各割去直径的一半，把余下的一半在中部各做出键销孔，然后施胶组合，将键销楔入孔内即成（图4-115）。

42 中榫

中榫，又叫"双肩榫"，榫居中间，两边均有榫肩，比单榫牢固（图4-116）。

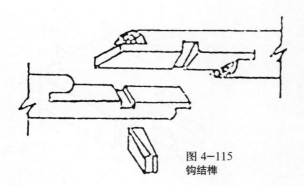

图4-115
钩结榫

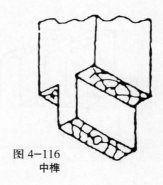

图4-116
中榫

43 单肩批榫

榫孔接合，除全做榫外还有做一半的榫，行话"批榫""减榫""瘦榫"等。一般批掉榫宽的1/2或2/5（图4-117）。

44 双肩批榫

榫孔接合，除全做榫外还有做一半的榫，行话"批榫""减榫""瘦榫"等。一般去掉榫宽的1/2或2/5（图4-118）。

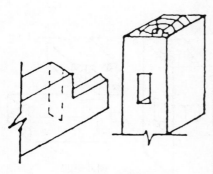

图4-117　单肩批榫

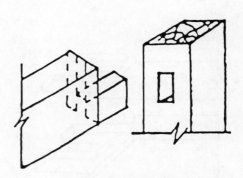

图4-118　双肩批榫

45 双榫双肩

双榫双肩强度比单榫高，不易扭动折断，适用于受力大的部件。两榫中间叫"夹口"，用凿剔成（图4-119）。

46 半双榫

半双榫也叫"双批榫"，比单批榫的受力情况好，不易扭动。中间夹口与双肩榫做法相同（图4-120）。

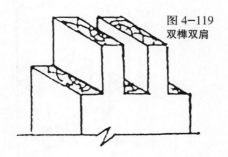

图4-119
双榫双肩

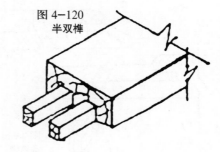

图4-120
半双榫

47 两分榫

两分榫，又叫"装夹口榫"，就是将宽榫分为三份，两份做榫，一份做夹口榫。装榫的深度一般为10毫米，有的需批榫，把榫头分四份，两份做榫，一份做夹口榫，另一份批掉，以各受剪力（图4-121）。

48 大进小出榫

榫和孔在同一水平位置上交接时，每个榫头必须做出大小榫，即每个榫头有1/2长榫或短榫，长榫是透榫，短榫是半榫，形成榫根大、出头小，所以叫"大进小出"（图4-122）。

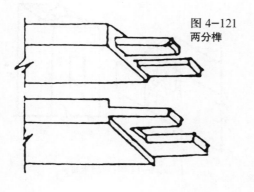

图4-121
两分榫

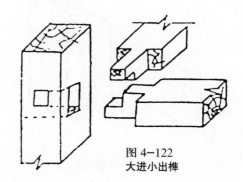

图4-122
大进小出榫

49 对角榫

榫孔在同一水平位置时，为了不出现透榫，就打半孔，做半榫，带胶组合（图 4-123）。

50 单面带夹口斜角榫

榫顶面 45° 角，榫的斜肩宽 4 分，靠榫根 2 分用锯锯好，用凿剔去 2 分，做成夹口，多用于框架角的装饰（图 4-124）。

51 双面斜角榫

双面斜角榫多用在半榫上，正面和反面均为 45° 角，工艺较细致（图 4-125）。

52 方角肩榫

里肩短，外肩长，外肩锯成型头式，左右各成 45° 角，肩尖夹角成 90° 角。孔的外边也锯成 90° 角的内空，再带胶组合（图 4-126）。

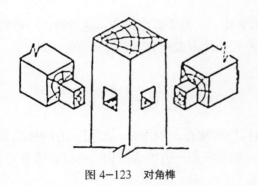

图 4-123　对角榫

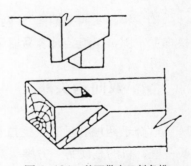

图 4-124　单面带夹口斜角榫

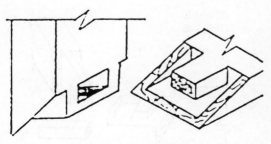

图 4-125　双面斜角榫

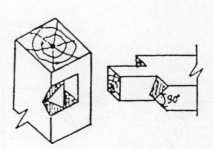

图 4-126　方角肩榫

53 马牙榫

马牙榫，主要用于薄板框的连接。顾名思义为马牙状的榫头，一般密集排列，凹进的叫"母榫"，凸出的叫"公榫"，公榫和母榫要逐个对应好接合（图4-127）。

54 梳榫

梳榫，又叫"密榫"，榫头细而直，制作时先将锯的料路分成4~5毫米，割出的锯口就是榫的厚度，锯割的间距就是榫，带胶组合（图4-128）。

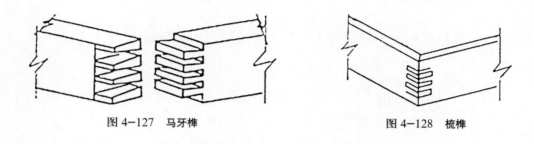

图4-127　马牙榫　　　　　　　　　　图4-128　梳榫

55 钩头榫

钩头榫，又叫"销榫"，两榫头相交处，一方要做出钩头。这种榫比一般的搭榫更牢固，但组装时容易崩裂，用木纹杂乱木或硬质木制为宜（4-129）。

56 双向钩头榫

适合于两榫孔垂直、受拉相同的构件的接合。制作时，要把一方的榫孔加长一些，目的是使另一方榫头对插时，能避开前一方榫头的钩头部分，组合后，再把木楔插入加长孔加固（图4-130）。

图4-129　　　　　图4-130
钩头榫　　　　　双向钩头榫

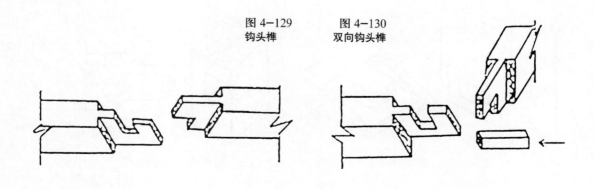

57 三层榫

此榫除中间有一个榫之外，两侧还有夹子榫，接合力强，多用于受扭力较大的构件（图4-131）。

58 六方交口榫

此榫为三根方木料互相倾斜成60°角接合而成，每根方木料都用锯割批去2/3厚度。画线时应先放地线，然后照地线画线、组装（图4-132）。

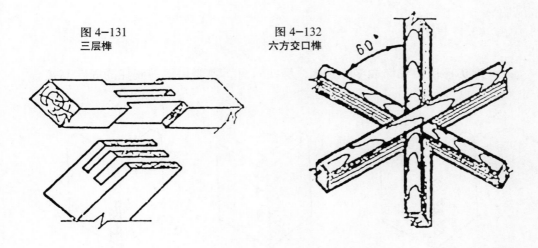

图4-131
三层榫

图4-132
六方交口榫

59 正斜交口榫

为了使相交处的线条、棱角、圆边接合得和谐，看上去无断线的感觉，在起线、倒棱、圆边木料上做正交口，各角都要成45°（图4-133）。

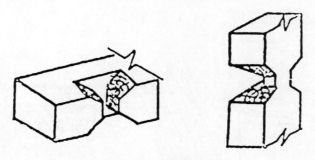

图4-133　正斜交口榫

60 十字榫搭接

十字榫搭接，用于竖立受压件的接长，一种是双十字接法，一种是单十字接法，插入时不宜过紧。接严密后，在侧面加入竹扎子（图4-134）。

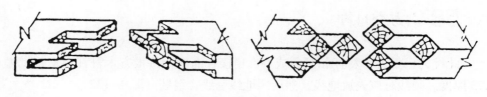

图4-134 十字榫搭接

61 明榫

榫头榫槽用双榫或多榫加固，榫头可见。主要用于与底托的固定与接合（图4-135）。

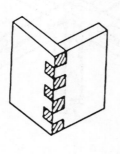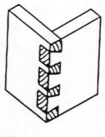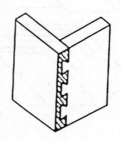

图4-135 明榫

62 暗榫

用直角榫或插入方榫完成对两零件之间的连接，主要用于纹理改向处的连接。两块木板两端对接，使用燕尾榫而不外露的，叫"暗榫"或"闷榫"，是制作几、案、箱之类必用之榫（图4-136、图4-137）。

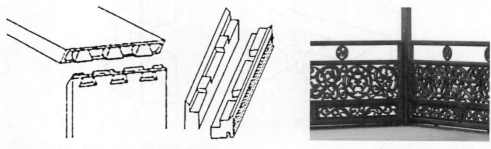

图4-136 暗榫结构图　　　　图4-137 罗汉床床围局部

63 盖头榫

盖头榫，是在明榫的端部劈开加楔，最后用木片嵌盖。主要用于接合牢固而又美观之处（图4-138）。

64 L形榫

若两个方榫安排互相垂直即成为L形榫，这种安排适合使用于当两支横挡在转角处会合且支柱又必须切削榫头嵌进横挡里的时候。当切削L形榫头时，通常其内侧的锯路并无所谓而可相互贯穿锯切，其转角处的方形部分有些结构或需切削掉，否则搭配的榫孔将成中空的L形（图4-139）。

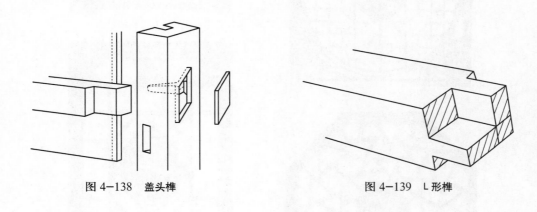

图4-138 盖头榫　　　　　　图4-139 L形榫

65 攒斗

利用榫卯结构，将许多小木料拼成各种大面积的几何花纹，非常好看、非常结实，这种工艺叫"攒"。用锼镂而成的小木料，簇合成花纹叫"斗"。这两种工艺常结合使用，故叫"攒斗"，南方叫"兜料"。这种工艺原本是中国古建筑内檐装修制作门窗格子心、各种阁花罩的工艺技术。制作门窗，一般采用棂条拼成"步步锦""冰裂纹""灯笼框""盘肠""角菱花""六方菱花""正搭斜交"等几何纹。其中以"步步锦"最易制作。一般用1.8厘米×2.4厘米的棂条，掐腰，盖面。制作架格的栏杆、床围子也用这种工艺。不过在整块木板上镂空锼花非常不结实，所以必须采用棂条拼嵌工艺。特别是对床类家具来说，更是如此。从美学上看，"攒斗"工艺体现了我国"通透为美"的审美观念，也是家具中国风格的集中体现（图4-140）。

图 4-140 "攒斗"工艺运用在建筑门窗中的案例

第五章

常见经典传统家具中的
榫卯结合形式的分析

1 灯挂椅

　　这种面略窄而靠背高的椅子有专称——"灯挂椅"。明、清之际，椅类家具大约分成四类：靠背椅、扶手椅、圈椅和交椅。图中的靠背椅搭脑以形似南方制灯架而得名（图5-1）。

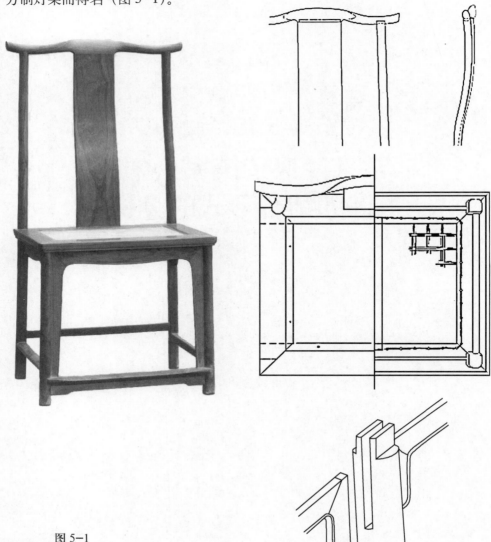

图 5-1
黄花梨大灯挂椅

2 圈椅

圈椅有多少种榫卯结构，要视交椅、圈椅的造型来定。最为讲究的是圈椅罗圈用楔钉榫接合，下裙板条角接合（嵌夹式），椅子前足和后足穿过椅盘的榫卯结构等（图5-2、图5-3）。

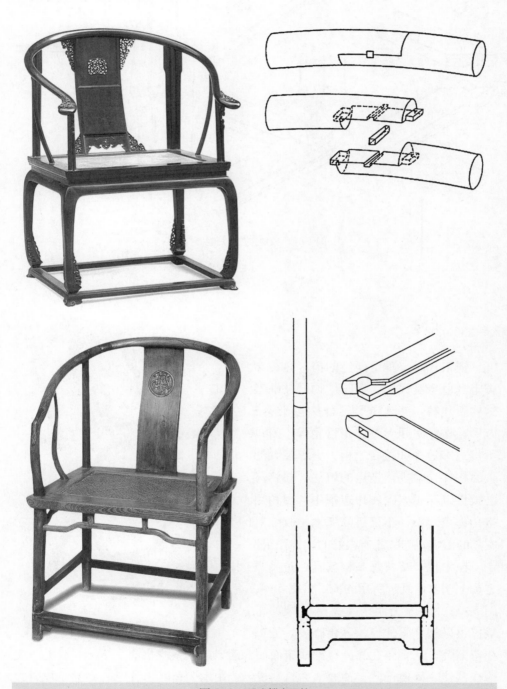

图5-2　明式榉木圈椅

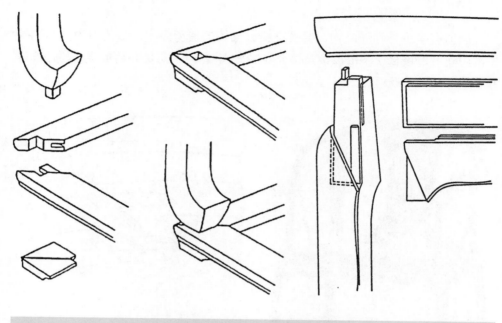

图 5-3　紫檀束腰带托泥圈椅

3 交椅

　　到宋代时，垂足而坐的椅、凳等高脚坐具已普及民间。壶门结构已被框架结构所代替，家具腿形断面多呈圆形或方形，构件之间大量采用格角榫、闭口不贯通榫等榫卯接合。柜、桌等较大的平面构件，常采用攒边的做法，即将薄心板贯以穿带嵌入四边边框中，四角用格角榫攒起来，不仅可降低木材收缩对家具的影响，而且还有很好的装饰作用。

　　在宋代，交椅是高档家具，是高级官员上朝前休息时所用的椅式（图 5-4、图 5-5）。宋人王明清《挥麈三录》记载："绍兴初，梁仲谟汝嘉伊临安，五鼓往待漏院，从官皆在焉。有据胡床而假寐者，旁观笑之。有一人云：近见一交椅样甚佳，颇便于此。仲谟请之，其说云：用木为荷叶，且以一柄插于靠背之后可以仰首……今达宦者皆用，盖始于此。"

图 5-4　直背交椅

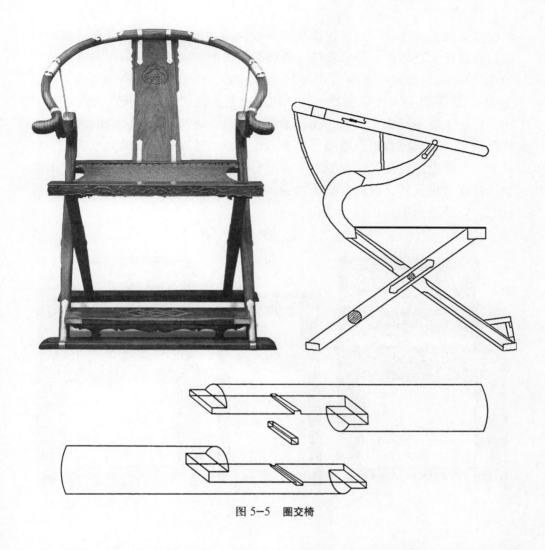

图 5-5　圈交椅

折叠式的功能除了对交椅结构有严格的要求，还要在各榫卯接合处用金属片包裹加固，才能有较好的承重力。

4 玫瑰椅

玫瑰椅的名称由来尚无考证。南方人称之为"文椅"，可能是因为文人喜欢使用而得名。玫瑰椅较为轻便，靠背不挡视线，但其搭脑正当人背部，适合坐以写作而不宜靠坐休息（图 5-6）。

此椅用紫檀木制作，靠背、搭脑及扶手采用烟袋锅式榫卯结构。背板中间一变体"寿"字，四周环绕螭纹，皆为透雕，两侧的扶手框内则为曲边券形牙子，座面的两边抹头及后大边上装饰卡子花，椅面板下，三面皆有券口牙子，为明式家具的基本形式。

台北故宫博物院有一幅清宫旧藏宋人的《罗汉图》（图 5-7）。在这幅刻画细致入微的画中，一位罗汉盘腿坐于玫瑰椅（折背样）上。椅子各部件以方材制成，木纹毕现。椅背甚低，截面为扁方形的扶手距座屉的高度仅约为坐高的1/3，折合成今天的尺寸为16厘米左右。南宋佚名《商山四皓会昌九老图》、北宋张先《十咏图》中的玫瑰椅也是如此"短其倚衡"。如此看来，这一设计主要不是为了倚靠，而是为保持"恭敬之仪"。以方截面材型为主，扶手出头，腿间设横枨，座屉下置卷云纹牙板。前面管脚枨处有三朵云头纹开光，下设卷云纹牙板。椅子上铺设饰有精美花纹的椅披。结构完善，其造型风格颇具现代感，推测材质为鸡翅木，椅座为藤面，无压条，为活装软屉（图5-8~图5-10）。

图 5-6　玫瑰椅

图 5-7　清代旧藏宋代《罗汉图》
中的禅椅（局部）

图 5-8　禅椅模型

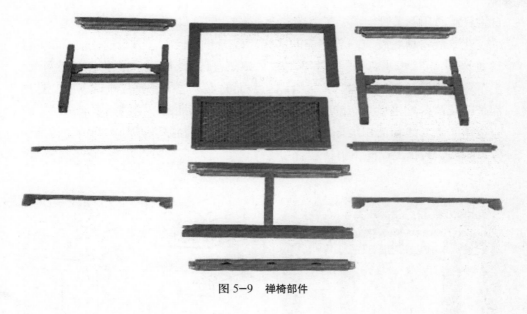

图 5-9 禅椅部件

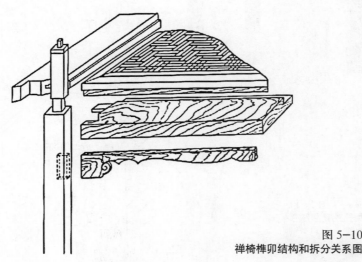

图 5-10
禅椅榫卯结构和拆分关系图

5 方凳与绣墩

　　如图 5-11 所示为明代黄花梨无束腰裹腿罗锅枨加矮方凳。罗锅枨高出四足的表面，仿佛是用柔软的物体缠裹而成，匠师称之曰"裹腿做"。它从竹制家具得到启发，继而运用到硬木家具中来。为了和枨子呼应，凳面边框也同样缠裹着四足，但立面的两个"混面"并非一木制成，而是用两层木材重叠而成，术语称之为"垛边"。这样做可以达到统一外形、省料及避免过于笨重的目的。此凳 52.5 厘米 ×52.5 厘米、高 51 厘米。成对中的一张。此凳原为藤编软屉，后被改为带草席贴的硬屉。

　　坐墩也叫"绣墩"，由于它上面多覆盖一方丝绣坐垫而得名。坐墩的开光来自古代藤墩用藤条盘圈成型的壤壁。

　　北京故宫博物院有一尊精美的清代紫檀五开光坐墩（图 5-12）。坐墩直径 28 厘米，高 52 厘米，仍保留着木腔鼓的痕迹。腔壁有五个略具海棠式的开光，上下各有弦纹及钉纹一道，象征着绷在鼓面的皮革边缘和钉皮革的铆钉，这些都是明及清前期坐墩常有的特征。坐墩线条简练、抽象、饱满而富有张力，充分运用了点、线、面相结合的装饰手法，与整体木腔鼓敦厚朴实的造型浑然一体，体现了古代工匠的审美情趣。

图 5-11
明代黄花梨无束腰裹腿罗
锅枨加矮方凳

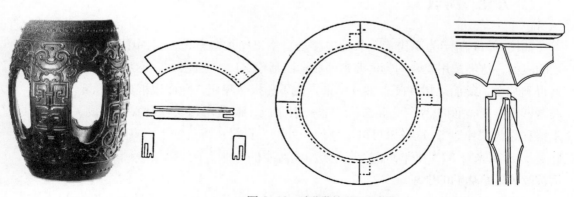

图 5-12　清代紫檀五开光坐墩

1 八仙桌

方桌是厅堂中的常用家具，桌面是正方形，尺寸有大小之分。大的每边可坐两人，四边可坐八人，称为"八仙桌"；小的可以坐四人，称为"小八仙桌"或"四仙桌"。方桌是家庭必备家具，具有会客、宴饮等多种功能，所以流传下来的较多（图5-13）。

图 5-13　八仙桌及其榫卯结构

2 炕桌

炕桌是一种我国北方、日本及朝鲜都有使用的家具。和普通桌子的形状相同——四条腿，高为 20~40 厘米，供人们在床上吃饭、写字等时使用，十分方便、快捷。炕桌原是一种可放在炕、大榻和床上使用的矮桌子，基本式样分为无束腰和有束腰两种。

炕几、炕桌与炕案有区别也有联系，其实它们主要是在炕上和床榻上使用的，形式差别不是很大，功用相近，既可在其上放置日用杂物和食器，也可以供凭倚用，尺寸都比较矮小。之所以称其为几、桌、案，多是依据相近的形式和惯常的使用方式而言，如炕几一般窄而长，制作比较精致，其上常放单人用物；炕案较炕几来说比较长、大，而与炕桌的区别在于腿足与面板两端是平齐还是缩近，上面一般不放饮食器具，而常置书卷或作办公用；炕桌乃是比类桌子而言的，一般呈宽大的矮方形，在北方寒冷地区很常见，多是作饭桌用。但总体看来，这三种家具的差别并不是很明显，其中又以炕几的形式最能体现明、清家具的特色。

图 5-14
清代早期黄花梨大漆面方形炕几

如图 5-14 所示为清代早期黄花梨大漆面方形炕几（85 厘米 ×85 厘米 ×42.5 厘米），直腿彭牙，内翻马蹄，材料厚实。束腰下有托腮，四腿内安霸王枨。桌面软木心鬃褐漆，其余器表光素，展现天然木质纹理。如图 5-15 所示为清代黄花梨雕龙纹有屉带托泥翘头炕案（44 厘米 ×161 厘米 ×46 厘米），该炕案选料精美，用料厚重。案面攒框镶板心，纹理如自然山水画面。案面两端小翘头向上飞扬，曲线曼妙灵动。案面下牙条中间置暗屉，牙头铲地浮雕龙纹，双面龙首相背，龙身翻卷，组成图案与牙头的外形结合得非常成功。方腿沿边起线，足端打洼带托泥。腿足间挡板双面有工，外面铲地浮雕团龙，龙身辗转于祥云之间，四角饰以花卉纹，内面亦是铲地浮雕双寿纹。托泥一般光素，而此例却饰以线条流畅的卷草纹，可见制作者为追求完美的艺术境界，巧思独运，不惜工材。此件炕案比例完美，雕饰构图饱满，繁而不俗，线条流畅有力，刀法圆转自如，体现出制作者不凡的功力修养。如图 5-16 所示为清代中期长 89 厘米、宽 49 厘米、高 26 厘米的榆木小炕桌，其榫卯结构图如图 5-17 所示。

图 5-15
清代黄花梨雕龙纹有屉带托泥翘头炕案

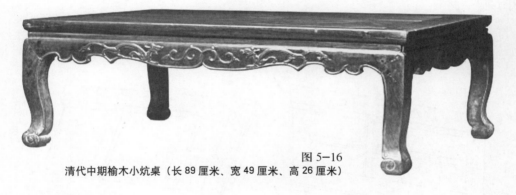

图 5-16
清代中期榆木小炕桌（长 89 厘米、宽 49 厘米、高 26 厘米）

3 平头案

案面平直的条案名曰"平头案"。明式家具中平头案的式样较多，也都很讲究，其特征就是案面平直、两端无饰。平头案的式样也是丰富多彩的，在榫卯结构、装饰及局部处理上可说是千变万化、千姿百态，是一种独具特色的民族传统家具（图 5-18、图 5-19）。

4 翘头案

条案案面两端装有翘起的"飞角"，故称"翘头案"。翘头案大多设有挡板，并施加精美的雕刻。由于挡板用料较其他家具厚，常作镂空雕，因此其上不少

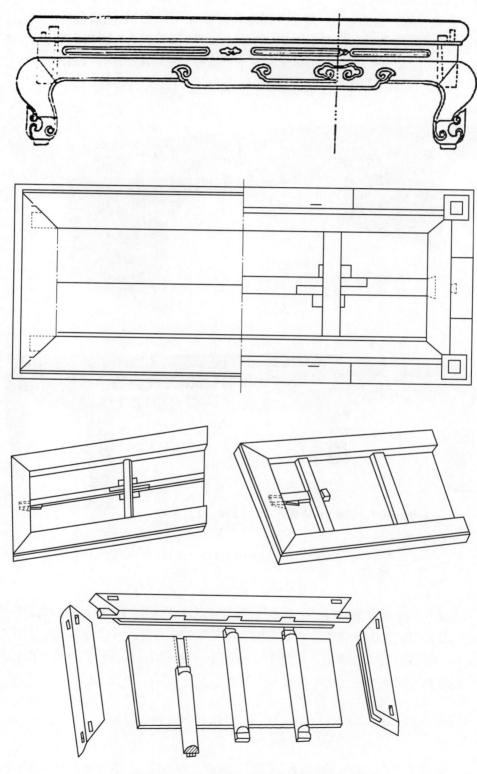

图 5-17　清代中期榆木小炕桌的榫卯结构图

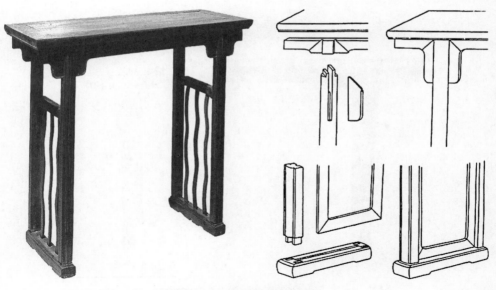

图 5-18　柞木夹头榫平头案

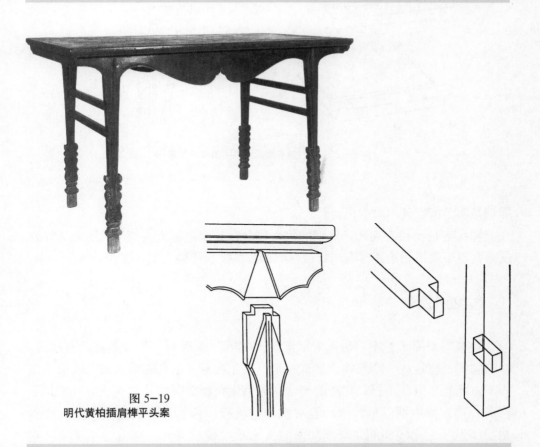

图 5-19
明代黄柏插肩榫平头案

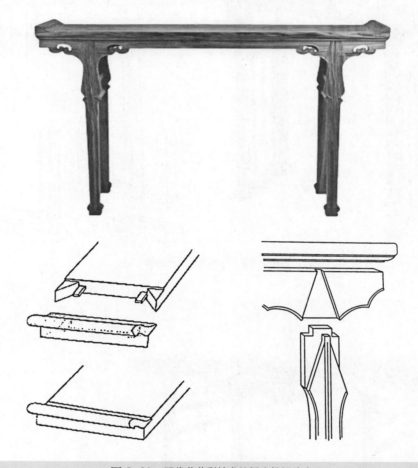

图 5-20　明代黄花梨螭龙纹插肩榫翘头案

雕刻是明、清家具木雕的优秀代表。

　　翘头案是明代家具艺术典型的代表作品，其珍贵程度直到清代还为清宫廷所藏，现上海博物馆还留有明代黄花梨螭龙纹插肩榫翘头案（图5-20）。

5 卷书案

　　卷书案来源于炕案，后来发展成为书案的一种形制。其特点是没有翘头，有的同侧桌腿连成一个整体，形成板形，向下翻卷；也有的是桌面直接向两侧的下方翻卷，但并不影响桌腿的形状。卷书案到晚清时期非常受欢迎，尤其是苏浙一带，清中期以后，这种卷书案非常流行，并且尺寸也比较大，一般放在正厅里。它比较圆润，可能和南方人喜欢柔婉有关，在北方并不多见（图5-21）。

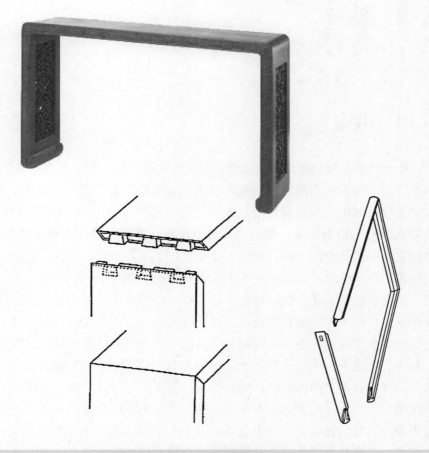

图 5-21 清代铁梨缠枝牡丹纹卷书案

床榻类 三

1 罗汉床

中华民族是亚洲地区唯一改变过起居方式的民族。迄今为止，韩国、日本、印度、泰国等基本沿袭古时的起居习惯，而中国众多民族之间相互影响，且渐渐地吸收了欧洲人垂足高坐的习惯，从而改变了起居方式。南北朝时期，席地坐的礼节观念渐渐淡薄，垂足坐却日渐流行，高型坐具因而相继出现至宋代，传统家具的制作日趋完善，中国人完全进入了垂足高坐的时代，但受席地坐影响形成的很多生活习俗却流传了下来。

罗汉床就是其中一例。睡卧中心和待客位都由原来的席子改为床，床便细分开来。用以中午小睡和接待客人的罗汉床成为古人重要的待客工具，如顾恺之作品《女史箴图》中出现的功能完善的床及床前的高型脚踏，说明古代中国人从不忌讳客人坐于自己的床上。如图元刊本《事林广记》版画所示，在罗汉床上放炕桌，左右两侧分坐，喝茶聊天，品人生之乐。紫檀三屏风绦环板围子罗汉床与此图所示的罗汉床有相似之处，为著名收藏家王世襄先生所藏，床身无束腰，设管脚枨。其结构从正面的管脚枨来看，距腿足尺许的部位安立材，左右各一，既起加固作用，又使管脚枨上留有较大的空间，以便垂足坐在床沿时，即使无管脚枨也可供人踏足。三面围子设绦环板，中间设三个，左右各两个，绦环板中间开鱼门洞，造型出自南方所谓的"炮仗筒"（图5-22）。

2 架子床

架子床为床身上架置四柱、四杆的床。有的在两端和背面设有三面栏杆，有的迎面安置门罩。式样颇多，结构精巧，装饰华美。装饰多以历史故事、民间传说、花鸟山水等为题材，含和谐、平安、吉祥、多福、多子等寓意。风格或古朴大方，或堂皇富丽（图5-23）。

如图5-24所示为黑漆嵌螺钿花蝶纹架子床，高212厘米，长207厘米，宽112厘米。床四面平式，四角立矩形柱，后沿两柱间镶大块背板。床架四面挂牙，以钩挂榫连接，上面压顶盖。腿矮短粗壮，扁马蹄，外包铜套。通体黑漆嵌硬螺钿花蝶纹，背板正中饰牡丹、梅花、桃花、桂花等四季花卉和蝴蝶、蜻蜓、洞石，四外边饰团花纹。床两侧矮围板两面均饰花蝶纹。

图 5-22　罗汉床

图 5-23　常见架子床

图 5-24　黑漆嵌螺钿花蝶纹架子床

在横、竖材的接合上，架子床使用的常见榫卯结构如下（图5-25）：

（1）全平肩穿鼻榫，即俗语所谓的"齐头碰"。此种榫卯制法简易、应用广泛，榫头为直角形，榫眼为相应形式即可。在实际制作中有透榫和半榫之分，榫头穿透榫眼即所谓"透榫"；榫眼不穿透，包裹榫头即所谓"半榫"。

（2）全格肩穿鼻榫，横、竖材以45°格角相接合。此种榫卯显得匀称美观，也是惯用的一种横、竖材接合方式。

（3）半格肩穿鼻榫，与全格肩穿鼻榫不同，交接处一面平肩、一面格肩，此种榫卯在转角处为和别的构件交接留有充分的余地。在平板的拼合上，普遍采用龙凤榫的方式，即把两块待拼接的平板分别起通槽和榫舌，然后拼合。

以上榫卯结构的制作相对简单，对木材的物理性能要求也并不是很高。为了加强榫卯结构的可靠性，部分榫卯结构中还使用了胶水。

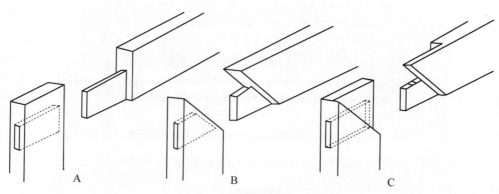

A   B   C

图5-25　架子床使用的常见榫卯结构

还有一种床叫拔步床，其结构带有明显模仿木作建筑的痕迹，是传统家具之中的屋中之屋。首先，从平面布局看，拔步床的前部为廊庑，后部为床榻，与传统建筑的"前室后寝"的经典布局方式有异曲同工之妙。其次，从细部结构看，拔步床与木作建筑有许多相似的结构。拔步床前端，望柱左右相对，楣板高悬，模拟的就是院落大门。而拔步床的窗棂、顶棚实则就是木作建筑窗户、天花的小型化。至于花罩，本是传统中式房屋内部装饰的常见隔断方式，拔步床不仅借用了这一手法，还在有限的空间内将花罩层层相加，创造了浓烈的装饰效果。

橱柜类 ④

1 圆角柜

圆角柜柜顶转角呈圆弧形，柜柱脚也相应地做成外圆内方，四足"侧脚"，柜体上小下大作"收分"，一般柜门转动采用门枢结构而不用合页（图5-26），是一种具有典型特征的明式家具。圆角柜全部用圆料制作，顶部有凸出的圆形线脚（柜帽），不仅四脚是圆的，而且四框外角也是圆的，故名"圆角柜"，也可称为"圆脚柜"。此种柜民间多用较轻的木料制作，外表上麻灰，再罩红漆。尽管采用轻质木料，但因形体高大，又加上表面漆灰较厚，因此仍很重。圆角柜的四框与腿足不分开，各以一根圆料制作而成，侧脚收分明显。圆角柜有两门的，也有四门的。四门圆角柜的形式与两门的相同，只是宽大一些。靠两边的两扇门不能开启，但可拆装。它是在柜门上下两边做出通槽，在柜顶和门下横带上钉上与门边通槽相吻合的木条。上门时，把门边通槽对准木条向里一推，木条便牢固地卡住柜门。两侧门安好后，再安中间的两扇门，中间的两扇门因须开闭活动，故做法与两门柜的形式相同。在中间两扇门的中间，还有一条可拆装的活动门栓，门栓和门边均钉有铜质饰件，可以上锁。

图 5-26
圆角柜

2 方角柜

方角柜的基本造型与圆角柜相同，不同之处是：柜体垂直，四条腿全用方料制作，没有侧脚，门与柜体以合页接合。方角柜一般是上下同大，四角见方，门的形式如同圆角柜，有硬挤门和安闩杆两种。柜顶没有柜帽，故不喷出，四角交接为直角，且柜体上下垂直，柜门采用明合页构造（图5-27）。方角柜常见的有"一封书式"和"顶箱立柜"两种：前者顶部无箱；后者有箱，并与柜子成对组合，故也称"四件柜"。四件柜大小相差悬殊，小者炕上使用，大者高达三四米，可与屋梁齐，简称"立柜"。

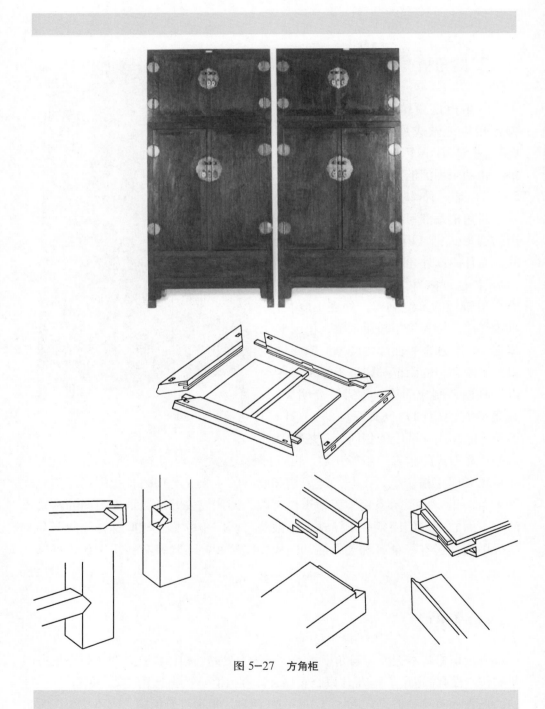

图 5-27　方角柜

其他类

凡不宜归入以上四类的家具，均属其他类。此类家具的种类繁多，如各种屏风、箱、提盒、都承盘、镜台、官皮箱、衣架、面盆架、滚凳、甘蔗床及一些微型家具等。

1 屏风

屏风是挡风和遮蔽视线的家具，还可起到分隔空间的作用，分为可折与不可折两类。有单扇，也有两扇、三扇以至十二扇等。明代的木制屏风，有的在屏身裱糊锦帛或纸，其上绘画或书法；有的镶嵌各种石材，也有的镶嵌木雕板，显得雅致灵秀（图5-28）。

图 5-28 清代百宝嵌屏风

座屏是下承底座、不能折叠的屏风，其中较小的为放在桌案上的陈设品，亦叫"插屏"。屏心往往镶嵌有各种图案的瓷板和石材，尤其是石材表面有各种天然纹饰，妙趣横生。明代的座屏造型一般为抱鼓墩子，上有站牙，稳固而精巧（图5-29）。

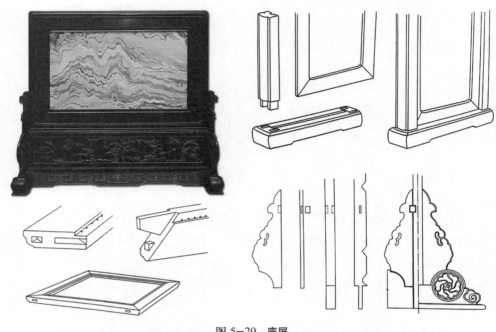

图5-29　座屏

2　衣架

衣架下部为墩式足，两端立柱，以站牙前后挟持稳固墩足与立柱。搭脑两端出头，端头一般以圆雕为饰，中部大多有雕饰精美的花板，如透雕"卍"字、绦环板等，图案雕刻整齐、造型优美（图5-30）。

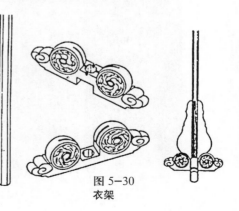

图5-30
衣架

3 箱

箱的种类很多，有存放衣物的衣箱，有内藏多层抽屉的药箱，还有小巧玲珑的官皮箱。以黄花梨木镶铜饰件的箱子最为讲究（图5-31）。

图 5-31
箱

4 面盆架

面盆架有高和低两种类型：高者多为六腿，两条后腿高出，与上下两组"米"字形横枨分别连接（图5-32）。直腿居多，曲腿少见。顶端搭脑出头，中部一般有花牌为饰。低者有三腿、四腿和六腿等不同式样，一般无装饰，有可折叠和不可折叠两种结构。

中国木制家具有很多分类，作为支撑类的脸盆架出现较晚，近代的脸盆架多为三至五条腿不等，不仅可以支承脸盆，后面的两条腿若往高处延伸的话还可搭毛巾、放置肥皂盒，有的甚至镶有镜子，有较多的功能。

图5-33中即为脸盆架后面部分，往高处延伸的两腿支撑顶部横梁可挂毛巾，横梁两端翘起两角，圆形部分为"麒麟送子"图。麒麟为传说中的仁兽，象征有出息、讲仁德的才俊子孙，后世又将其衍化为可求子嗣的送子灵兽。民间称有才俊的贤德子孙为"麒麟儿"，有"天上麒麟儿，人间状元郎"之说。"麒麟送子"意在祈求早生贵子、祝颂子孙仁厚贤德。图中木雕装饰部分较典型，采用透雕手法，对麒麟及童子的刻画较细致，麒麟动态也较生动形象。

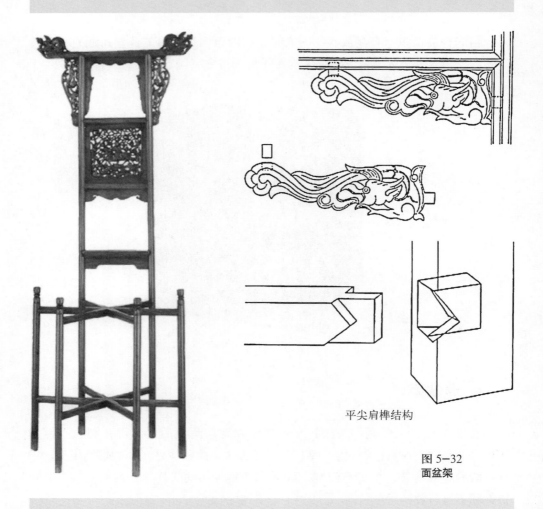

平尖肩榫结构

图 5-32
面盆架

图 5-33　脸盆架后部

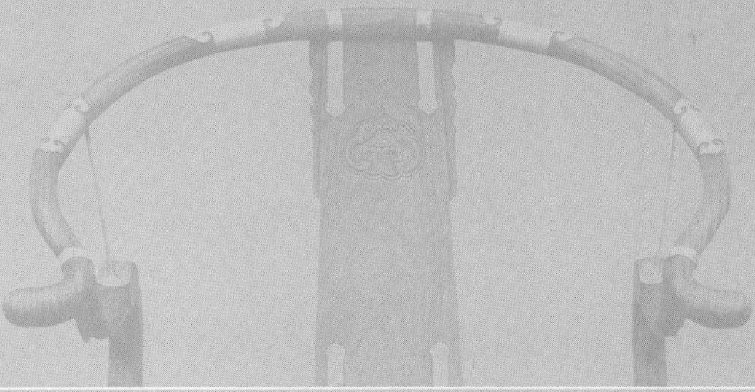

第六章

传统家具榫卯结构的现代演绎和发展

现代榫卯结构与传统榫卯结构的区别 一

榫卯主要的作用是连接及固定两个或多个构件。与现在的木材胶合或者金属焊接不同，榫卯接合是柔性的，总是存在空隙，这是榫卯结构的一个显著优点。中国的传统建筑正是依靠其柔性的连接，使得它具有相当的弹性和一定程度的自我恢复能力。与此相对应的是家具结构中线面接合的部分，大部分采用活动的榫梢接合而避免胶黏的刚性连接，以防止木材伸缩变形后产生的开裂。

家具中的榫卯结构最初来源于中国传统建筑中的结构体系，如以立木为支柱、四周牙条作连接材围合的座下空间即是吸取壸门台座的式样和手法；而腿足与牙子、面板的接合则与雀替、梁柱系统相关。

传统家具榫卯结构的种类繁多，又因地理位置、匠师的不同而使榫接的变化极大，不同的榫接形式更可说是数以百计。

杨耀（1948 年）根据解剖家具的实际验证，绘制出格角榫、粽角榫、明榫、门榫等 17 种榫卯结构，可谓是最早对明式家具结构的经验性认识。

王世襄（1989 年）依据构件的位置对明式家具的结构进行归纳，共分为四类：基本接合、腿足与上部构件的接合、腿足与下部构件的接合、另加的榫梢。这种分类法对于我们全面了解明式家具的结构具有基础的作用。

从对传统榫卯结构进行应用研究的角度方面，近几年我国台湾学者进行了一些探索，如阎亚宁根据接合方式将榫卯归为直榫、楔、凹槽三大系统。

萧永立从中国图纹应用于家具结构设计的角度出发，将家具构件接合的种类简化为平板接合、直角相接、直柱与平板接合三个基本模型。

除了以上介绍的榫卯结构形式与分类法之外，还有许多不同的榫卯技术运用在不同类型的家具上，又因各人研究方法的不同而使得归类方法亦有不同。

中国传统建筑主要发展木结构，成为独立于西方砖石承重墙结构之外的体系。英国建筑学家安德鲁·博伊德在《插图本世界建筑史》一书中提到："中国建筑就是如此方式的中国文化的一个典型的组成部分，很早便发展成为它自己独有的性格，这个程度不寻常的体系相继相承地绵延着，到 20 世纪还或多或少地保持着一定的传统。"

遗憾的是，中国现代建筑基本遵循了西方现代建筑的体系。在现代建筑结构广泛使用钢筋混凝土等材料的背景下，中国木结构的传统正在消失。在传统家具方面，情况也好不了多少：大部分传统家具生产企业为追逐效益，大量简化榫卯结构，随之胶的用量大大增多，甚至有些部位使用枪钉。

榫卯结构亦因此失去了创新的动力，即使是继承也成问题。因为不同于金石书画、文章诗词受到各朝代的重视，中国建筑、家具数千年来的延续完全在于匠师的口传相授，其艺术表现形式多数是不自觉的师承及演变。随着"师徒制"的逐步消失，后继者逐渐减少，传统榫卯结构的制作技艺正在慢慢地衰退。

在国内，说起"传统工艺"，人们提到最多的是"保护"甚至"抢救"。其实，传统工艺衰退的最主要原因乃是无法适应生活需求的改变及时代的变迁。一项传统工艺一旦丧失其赖以生存的艺术源泉，它就离消亡或进"博物馆"的日子不远了。因此，我们对传统榫卯工艺进行保护的同时，应该首先对其目前的境遇进行分析，找出它无法适应现代社会的原因。

传统榫卯工艺因明代中期以后硬木家具的广泛使用而达到顶峰。在现代，森林资源日渐枯竭，倘若一再强调使用实木材料，则其市场接受面必定有限。再加上目前市场上仿古家具鱼龙混杂，大部分榫卯结构在比例、尺度的把握上存在很大的问题，这又是对珍贵木材的一大浪费。另外，传统家具大部分是整装框架式结构，家具由于结构的形式使然，榫接接合常需搭配胶合剂胶合组成，榫接形式繁复，产品相对不利于机械化、自动化生产与搬运装配、储存，这也正是造成传统家具（框架式结构家具）被系统家具（板式家具）逐渐取代的原因。

现代红木家具榫卯结构的演变

红木家具榫卯形式演变到今天，在工业化生产的大环境下，有的形式继续沿用，有的形式已经消失，有的形式发生了改变，还有一部分形式新生出来。

根据上文榫卯演变的统计、文献资料的查阅及对生产加工的调研，可以将榫卯演变的影响因素主要归纳为工业化生产环境影响、机械设备和刀头引进、辅助材料运用、木材资源短缺及设计方向转变等。

（1）工业化生产环境影响。传统红木家具属于贵族用品，民间使用甚少，专由技艺高超的工匠制作。当时榫卯要求精致，对木材的选料和加工比现在严格精确，形成不了大批的生产。作坊式生产到清代中期才出现，大多雇主请工匠到家，并亲自参与到家具设计生产中，所以每件产品都精工细作。

现代工业化环境下，红木家具也实行了批量生产，大多车间以计件生产为主。为提高效率，同一批产品的榫卯形式会尽量精简，尺寸统一，便于批量加工。同时，类似抽屉、门板等常规部件也开始实行标准生产，统一结构和尺寸，由专人批量生产。这种工业生产环境下，那些加工复杂、走刀次数多、机械不方便生产的榫卯形式逐步淘汰，比如大进小出榫、插肩榫、夹头榫等，取而代之的是格角相抵榫、直角榫舌等加工方便、走刀次数少的榫卯形式。

（2）机械设备和刀头引进。机械设备代替了传统的加工工具，大大缩短了生产周期，也对一些榫卯形式进行了简化和改良。比如穿带榫，由传统手工加工，榫头是一端宽、一端窄的梯形，现代铣榫刀头加工后两端同宽；抱肩榫与压条和压线接合时，为方便走刀，简化成两条交叉不连贯的直角榫头（图6-1）；椭圆榫眼代替了传统的方形榫眼，方形钻头容易劈裂木材，造成刀头磨损，圆形钻头能避免这些弊端。

（3）辅助材料运用。传统家具组装时以猪皮鳔和鱼鳔等动物胶为主，这种胶常温下固化，遇热遇水会溶解，胶合强度弱，主体结构主要依靠榫卯之间的紧密咬合支撑。同时手工加工，对形式和尺寸的精确度更容易掌握。所以，传统榫卯的尺寸配合精密程度要求很高，接合后缝隙的密合性也好。

现代生产中，大量使用聚氨酯胶和夹具固定，对尺寸误差导致的缺陷等问题可以用木糠粉和腻子灰修补，这些辅助材料大大降低了对榫卯配合尺寸紧密

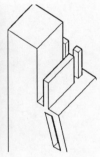

图 6-1　压条榫

胶　　　　　　　　　　　　　　夹具

闭缝　　　　　　　　　　　　　　钉

图 6-2　辅助接合

度的要求（图 6-2）。同时钉接合和仿榫五金件也成为红木家具工业化生产中不可缺少的结构形式。

（4）木材资源短缺。红木家具的木材成本在整个家具生产成本的比例相对其他实木家具较大，木材资源的控制是控制成本的重要环节，所以会通过改变一些榫卯的形式来减少木材的切削，如椅类后腿的一木连坐分为坐面以上和坐面以下两部分；压线、牙条等不直接受力的部位不做榫头，用钉接合代替等（图 6-3）。

图 6-3　节省用料

（5）设计方向。受生活方式和居住环境影响，当代红木家具的款式造型也发生了很大改变，如沙发、餐台、隔厅柜等都是过去没有的款式，而这些款式逐渐成为主流形式，传统的霸王枨、罗锅枨等结构在新设计中已逐渐淡出，导致一些榫卯形式如钩挂榫、米型交叉枨等在生产中的运用越来越少。

下面将传统和现代榫卯形式进行对比，见表 6-1。

表 6-1　传统与现代榫卯形式对比

结合类型	榫卯形式	传统	现代			说　明
			沿用	改良	新生	
一型	穿带榫	✓		✓		传统穿带榫会做成一端稍宽、一端稍窄的梯形长榫，使得贯穿后不能来回移动；现代穿带榫两头一样宽
	龙凤榫	✓				现代拼板中很少使用，板件的 T 型接合会采用梯形榫舌，类似龙凤榫
	银锭榫	✓				几乎不使用
	直角榫	✓				几乎不使用
	直角榫舌	✓	✓			沿用传统形式，多用于弯板的拼合
	指接榫				✓	现代拼板中使用最为广泛的形式

结合类型	榫卯形式	传统	现代			说　　明
			沿用	改良	新生	
T型接合	走马销	✓				几乎不使用
	直角榫	✓	✓			沿用传统形式，榫眼便于加工，采用椭圆形榫眼，一般用于外观要求不高的部位
	格肩榫	✓	✓			相对传统做法形式多了，有单肩单榫、单肩双榫、双肩单榫、双肩双榫，还有单斜边小格肩榫等，一般表面部位多采用格肩榫
	圆榫				✓	现在多见，传统由于用手动工具，圆榫眼没有方榫眼好加工，所以用得少
	部件榫				✓	现代也不常用，主要针对非常规构件的接合
	管脚榫	✓	✓			沿用传统的直角榫形式，其他形式在新中式家具中很少使用，主要用于仿古家具
	钩挂榫	✓				新中式家具中很少设计霸王枨的结构，所以钩挂榫也相对很少出现
	梯形榫	✓	✓			沿用传统形式
	梯形榫舌	✓	✓			沿用传统形式
	大进小出榫	✓				因为加工时走刀次数多，所以很少使用
	格角相抵榫	✓	✓			榫头相遇，多使用格角相抵的做法，加工方便，走刀次数少
	长透短闷榫	✓				两种尺寸，多了一次调刀，保证强度的前提下，优先选用格角相抵的做法

147

结合类型	榫卯形式	传统	现代			说　　明
			沿用	改良	新生	
L 型接合	银锭榫	✓				很少使用，不方便机械加工
	格角榫	✓		✓		部分腿足与裙板选用格角榫，腿足顶端不出榫头
	梯形榫	✓	✓			沿用传统燕尾榫，半隐式做法最为常见
	圆棒榫				✓	现在多见，传统由于圆榫眼没有方榫眼好加工，所以用得少
	棕角榫	✓	✓			沿用传统形式
	片榫				✓	俗称"假榫"，结合红木专业用胶，用于力学强度要求不高的部位
	U 形榫				✓	类似燕尾榫的使用，有专门的 U 形铣榫刀头加工
	套榫（挖烟袋锅榫）	✓				很少见，多用圆棒榫取代靠背搭脑与立挡的接合
F 型	抱肩榫	✓		✓		抱肩榫形式发生了改良，受面板接合形式的改变，以及钉接合的影响，压线和牙条与腿足的接合也发生了改变
	压条榫				✓	腿足与压线、压条接合的方形榫头，由于机器设备的加工形成了交叉的锯路
	穿榫	✓	✓			沿用传统形式
	长短榫（朝天榫）	✓				很少使用，端头常用一个方形榫，或者两个垂直方形榫的高度相同
	齐肩榫	✓	✓			沿用传统形式，由于纹样设计或者造型需要，榫肩做齐肩
	挂榫	✓				很少使用，一般腿足与裙板接合都使用抱肩榫

中国传统家具

榫卯结构

结合类型	榫卯形式	传统	现代			说　　明
			沿用	改良	新生	
口型	指接榫				✓	水平面板框接合主要采用指接榫接合，加螺钉固定
	攒边结角榫	✓	✓			垂直面板接合沿用传统的攒边结角榫
	卡子榫	✓				很少使用，格角接合时，有用片榫，原理和卡子榫类似
干型	穿榫	✓	✓			沿用传统形式
	夹头榫	✓				少用，腿足与牙头和牙条接合，多用直角榫舌代替夹头榫、插肩榫和挂榫
	插肩榫	✓				少用，腿足与牙头和牙条接合，多用直角榫舌代替夹头榫、插肩榫和挂榫
	挂榫	✓				少用，腿足与牙头和牙条接合，多用直角榫舌代替夹头榫、插肩榫和挂榫
弧型	指接榫				✓	弧形面框接合，常用指接榫，加螺钉巩固
	片榫				✓	弧形接合，非直接受力部位常采用片榫
	楔钉榫（巴掌榫）	✓	✓			圈椅、休闲椅等弧形靠背的接合沿用传统楔钉榫
	卡子榫	✓				很少用，多用片榫，原理与之类似
角型	直角榫舌	✓	✓			角型接合多沿用传统直角榫舌形式
	栽榫与直角榫舌	✓				很少使用，多用直角榫舌
	栽榫	✓				很少使用，多用直角榫舌
X型和米型	十字榫	✓	✓			沿用传统十字榫形式，多用于十字枨、十字框架等
	卡腰子榫	✓				很少用，有类似卡腰子做法，十字接合拆分为一根竖材和两根横材，分别采用格肩接合

第六章　传统家具榫卯结构的现代演绎和发展

结合类型	榫卯形式	传统	现代			说　　明
			沿用	改良	新生	
拆装式	插条榫				✓	常用于柜类箱体之间的拆分，弧形端面，容易拆分
	栽榫	✓	✓			用于沙发床左右位、书桌、柜类上下架等拆装
	木栓销	✓	✓			常用于框架拆装，如架子床、圆台等
	走马销（扎榫）	✓	✓			常用于床榻类高低屏、围子与面板的拆装等

　　从上表可见，不同接合类型的传统榫卯形式共41种，现代形式共33种，其中沿用18种、改良4种、新生11种。

　　（1）沿用的榫卯形式：有直角榫、直角榫舌、管脚榫、梯形榫、梯形榫舌、粽角榫、齐肩榫、攒边结角榫、穿榫、格肩榫、楔钉榫、十字榫、木栓销、走马销等。

　　（2）改良的榫卯形式：有穿带榫、格角榫、抱肩榫等。

　　（3）新生的榫卯形式：有指接榫、圆榫、部件榫、圆棒榫、片榫、U形榫、压条榫、插条榫等。

　　（4）少用的榫卯形式：有龙凤榫、银锭榫、钩挂榫、大进小出榫、套榫、长短榫、挂榫、卡子榫、夹头榫、插肩榫、卡腰子榫等。

　　下面按照榫卯接合类型的分类，将现代红木家具榫卯形式进行分类说明。

1 一型接合

　　一型接合拼板类榫卯形式主要有指接榫和直角榫舌，辅助用穿带榫。

　　（1）指接榫。用于拼合的两个板件端面铣出相同齿距和断面斜锥状的指接榫，再涂胶拼合，这种拼板接合形式在现代地板生产中也常见到。指接榫拼合大大增加了榫卯的接触面积，同时切削量小，提高材料的出材率（图6-4）。

　　（2）直角榫舌。直角榫舌拼合有两种做法：一种是拼合处一边居中出直角榫舌，另一边开榫槽，一般用于角牙、牙头等部位，拼合后需要雕花（图6-5）；另一种做法是拼合处两边开直角榫槽，插入直角榫舌，这种传统做法现在一般用于弯曲板件的拼合，因为弯曲部件无法加工指接榫。

　　抽屉底板、桌案类面板心、椅凳类面板及各种花板小件的嵌板接合，主要

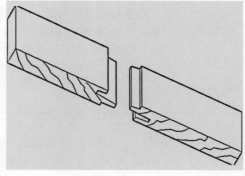

图 6-4
指接榫

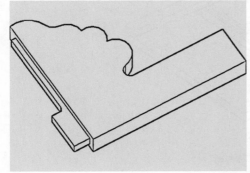

图 6-5
直角榫舌

采用直角榫舌接合，一般四面开榫舌，接合时不施胶，预留收缩缝，防止干缩湿胀引起的变形开裂。不同部位的榫肩线条不同，主要分类见表 6-2。

表 6-2 直角榫舌分类及特点

分　类	特　　点	图　示
圆弧榫肩	榫舌肩为弧面，单面出肩。用于抽屉底板、几案类面板心、椅凳面板心等不需要雕花的平面板件	
单肩斜面	榫舌肩为单肩斜面，用于柜类门板心、柜类侧板和背板、靠背花板、单面雕花的花板部件	
双肩斜面	榫舌肩为双肩斜面，用于双面雕花的花板部件	

（3）穿带榫。一般拼板幅面超过 40 厘米 ×40 厘米，会在拼板背面开梯形榫舌，插入穿带榫。拼板背面带口及梯形长榫两端同宽，可自由穿插，穿带两端出直角榫与边框大边的榫眼接合固定（图 6-6）。

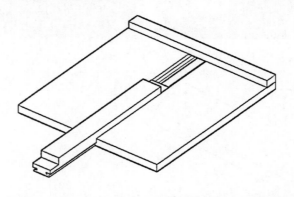

图 6-6　穿带榫

2 T 型接合

T 型接合主要的榫卯形式有：格肩榫、飘肩榫、直角榫、圆榫、管脚榫、梯形榫、梯形榫舌和部件榫等。现代生产中，已经开始避免在同一竖材的同一高度两边各做横枨的形式，设计时会错开横枨的位置。为加工方便，双面 T 型接合一般采用格角相抵的做法。

（1）格肩榫。家具表面的 T 型接合一般都会采用格肩处理，具体格肩榫的分类、特点和图示如表 6-3 所示。

表 6-3　现代格肩榫

分　类	特　　点	图　示
单肩单榫	用于椅凳类、桌案类、柜类的枨子和腿足连接，架椅搭脑与立柱连接、柜类正面框架交叉构件，以及床围桌几花牙子的横竖材连接等	
单肩双榫	大床的高底屏搭脑和立柱，沙发靠背边柱与靠背横档等受力大的部位	
双肩单榫	椅类靠背横竖挡，柜类门中横枋，沙发扶手下中横挡，双面都要求美观的部位	
双肩双榫	大床的高底屏搭脑和立柱，沙发靠背边柱与靠背横档等受力大又双面要求美观的部位	

分　类	特　　点	图　　示
梯形小格肩	用于大床面坊，办公台、梳妆台十字交叉构件。为了减少榫眼削除量，或者因为料的大小不一样，做十字交叉，避免榫尖尖角相碰	
单斜边小格肩	比梯形小格肩少一边斜边。一般用于横竖料宽度差距大，需要横竖材接线条的部位	

　　（2）飘肩榫。多用于圆形构件 T 型接合，横材的肩膀要裹住竖材的外皮，榫肩需要做成弧面。如图 6-7 所示。

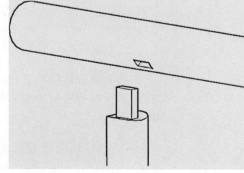

图 6-7
飘肩榫

中国传统家具
榫卯结构

（3）直角榫。直角榫主要用在家具背面、侧面、里面等非表面的接合部位，以及因尺寸原因无法做格肩的表面部位，比如抽屉托档、柜类内侧横竖材接合、围子花格档等。如图6-8所示。

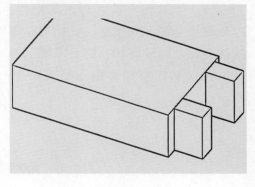

图6-8　直角榫

（4）圆榫。圆榫构件截面为圆形，构件自身一部分为榫头，为无肩榫。如图6-9所示。

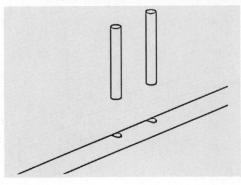

图6-9
圆榫

（5）管脚榫。腿足与下部构件，比如腿足与托泥的接合、立柱与底座的接合还是用管脚榫，腿足下部出榫头，托泥和底座钻榫眼。如图6-10所示。

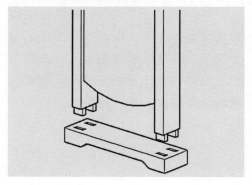

图6-10　管脚榫

图6-11　梯形榫

（6）梯形榫和梯形榫舌。梯形榫用于方材之间的接合，比如大床床架与拉档。因为榫头截面为梯形，接合后长度方向扣牢，无法移动，如图6-11所示。梯形榫舌一般用于板与板之间T接合，常用于抽屉背板与侧板、储物内格档等。如图6-12所示。

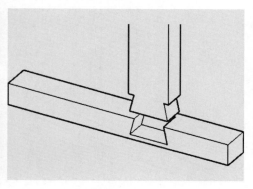

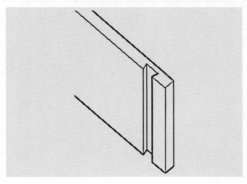

图 6-12　梯形榫舌

 图 6-13　部件榫

（7）部件榫。部件榫用于接合强度要求高，接合部件是不规则形，断面不方便开榫头，接合时部件自身一部分与另一部件的槽口配合。一般榫槽宽度 1.2~1.8 cm，深度 1.5~2 cm。如图 6-13 所示。

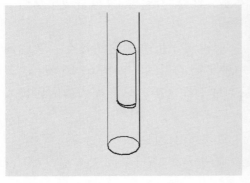
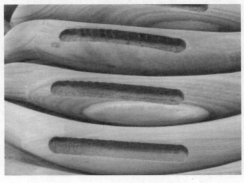

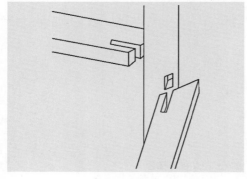

图 6-14　格角相抵榫

（8）格角相抵榫。现代生产中双面 T 型接合多用格角相抵榫，常见于裹腿枨的做法中，如图 6-14 所示。大进小出榫和长透短闷榫因为不方便加工和批量生产，已经很少用了。

3 L 型接合

现代新中式红木家具中，L 型接合的榫卯形式主要有：格角榫、梯形榫、U 形榫、圆棒榫、粽角榫、片榫等。

（1）格角榫。现代生产中，格角榫的常规形式，一种是与后面口型接合的攒边结角形式相同，还有一种用于腿部与裙板的接合。生产中有的腿部上端不做榫头，通过暗销或者螺钉连接面板和下架，腿部与裙板的连接就成了类似于格角连接的做法了。如图 6-15 所示。

（2）梯形榫和 U 形榫。L 型接合的梯形榫用于板与板之间接合，考虑到外观和加工容易程度，沿用了传统燕尾榫半隐的做法，如图 6-16 所示。U 形榫也用于板与板之间 L 型接合，做法与梯形榫一样，只是榫头截面形状为 U 形，如图 6-17 所示。

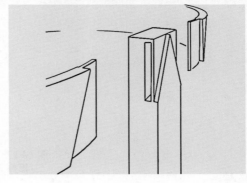

图 6-15
格角榫

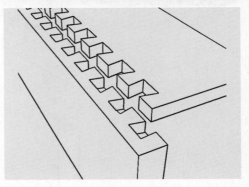

图 6-16
梯形榫

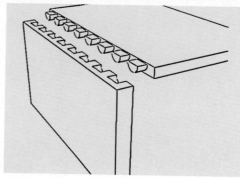

图 6-17
U 形榫

（3）圆棒榫。L 型接合的圆棒榫常用于仿官帽椅、玫瑰椅等搭脑与靠背、扶手和前腿的接合。搭脑和扶手向下弯曲，做成类似挖烟袋锅式，上下表面钻孔，插入圆棒榫接合。如图 6-18 所示。

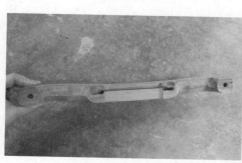

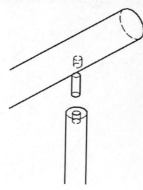

图 6-18
圆棒榫

（4）粽角榫。现在沿用的粽角榫多以暗榫为主，因为新中式家具中此种结构设计很少采用，所以这类榫头也只在少数仿古家具中出现。如图6-19所示。

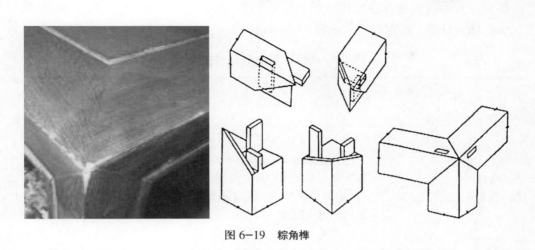

图6-19　粽角榫

（5）片榫。因为片榫是独立的榫头，L型接合构件只需要接合端面切成45°斜面，垂直端面开榫槽，施胶，插入片榫拼合。一般用于牙条、腰线等直角结合。如图6-20所示。

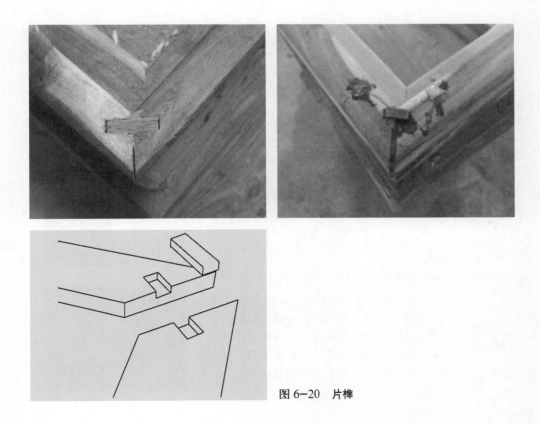

图6-20　片榫

4 F型接合

F型接合指腿足与上部构件的接合以及格角穿榫接合。传统家具中的抱肩榫、齐肩榫以及挂榫在现代生产中都发生了一些演变，具体腿足与上部构件接合的榫卯分类、特点和图示如表 6-4 所示。

表 6-4　腿足与上部构件的接合

名称	接合构件特点	特点	图示
抱肩榫演变 1	无压线压条	腿足顶部做一方形榫，与面板下面方形卯眼配合，两侧切 45° 斜肩，开榫眼，与牙条的斜肩和榫头配合	
抱肩榫演变 2	无压线压条	腿足顶端开双榫眼，与靠背立柱下的双榫接合，常见于有扶手的沙发椅或餐椅后腿分上下两段的做法	
抱肩榫演变 3	无压线压条	因外观设计要求，榫肩做成齐肩。裙板齐肩并出直角榫，与腿部榫眼接合	
抱肩榫演变 4	有压条	面板出一个方形榫眼，腿足上端出一个方形榫头，压线开榫槽，束腰以下切 45° 斜肩，开榫眼，与裙板的斜肩和榫头配合	
抱肩榫演变 5	有压条	由有挂榫的抱肩榫演变而来，腿足两面开槽，插梯形木楔，与裙板背面的梯形榫槽接合。腿足上端出方形榫，与面板下面的方形槽口配合	

名称	接合构件特点	特点	图示
抱肩榫演变 6	有压条	腿足不出榫与面板接合，抱肩以上部分出方形榫与牙条槽口接合，面板通过暗销与压条接合	
抱肩榫演变 7	有压线和压条	由于有压线和牙条，嵌压线和牙条的榫头长一些。面板出一个方形榫眼，腿足上端出一个方形榫头	

　　这里腿足与压线压条接合的方形榫头，由于机器设备的加工形成交叉的锯路，因其只出现在压线与腿足接合时，现将这种特殊形式称为压条榫，如图6-21 压条榫所示。

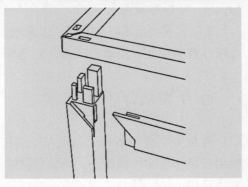

图 6-21
压条榫

格角穿榫的形式和用法沿用传统做法，这种做法常见于靠背、围板等花格档的花格格角接合后再与立柱或面板接合，如图6-22所示。

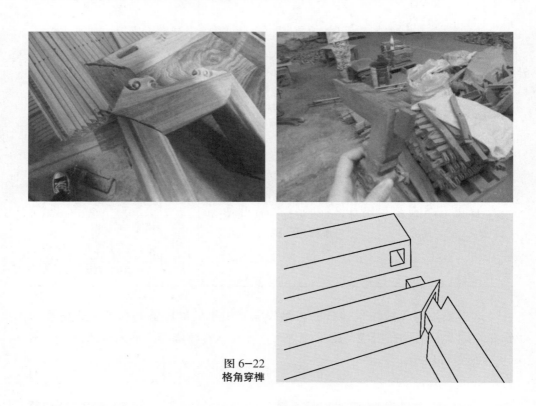

图6-22
格角穿榫

5 口型接合

现代生产中的口型接合主要分两种，一种水平的面板面枋之间的接合，比如桌案类、椅凳类以及层板等面板框架；另外一种垂直类面板框架，比如橱柜类门板面枋之间的接合。水平面板框架常用指接榫、来往榫等形式，垂直面板框架常用来往榫、双榫、保角榫等。指接榫为新型引用的形式，最为常用，其余沿用传统做法。指接榫齿的多少根据板件端面尺寸而定，一般一个来回1.6 cm，延伸和收缩各8 mm，厚度6~10 mm，板厚增加，增加榫齿个数，最多3个来回，其余留肩，如图6-23所示。使用时为加强接合强度会使用胶水，并在板件背面挖孔，用螺钉巩固，如图6-24所示。

6 干型接合

传统干型接合多用于腿足与牙头和牙条的接合，现在生产中牙头和牙条一般用直角榫舌和榫槽接合，所以传统的插肩榫和夹头榫现在生产中也很少用到。穿榫沿用传统做法，常用于花格与拉档或面板接合等，如图6-25所示。

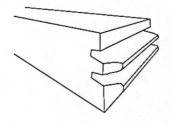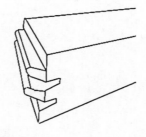

图 6-23　指接榫

图 6-24　指接榫辅助接合

7 弧型接合

现代生产中弧型接合主要有指接榫、片榫和楔钉榫。

（1）指接榫。指接榫的弧型接合类似于口型接合，两个板件两边铣出相同齿距和断面斜锥状的指形榫，接合时为加强接合强度会使用胶水，并在板件背面挖孔，用螺钉巩固，如图 6-26 所示。

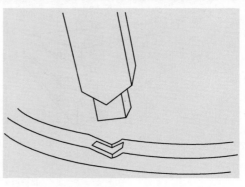

图 6-25
格肩穿榫

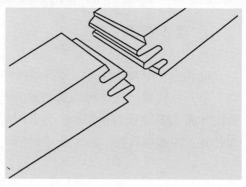

图 6-26
指接榫

（2）片榫。片榫的弧型接合类似于 L 型接合，接合构件接触面平滑，各开榫槽，施胶，插入片榫拼合，一般需要辅助螺钉接合，如图 6-27 所示。

图 6-27　片榫

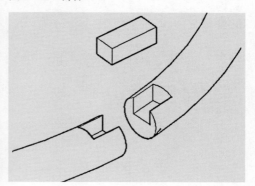

（3）楔钉榫。楔钉榫用于圈椅或者休闲椅的弧形靠背上，多采用传统做法中小榫头外露的形式，如图 6-28 所示。

图 6-28　楔钉榫

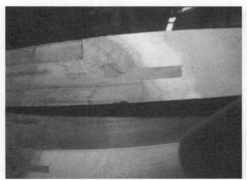

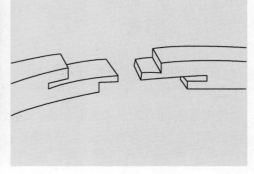

8 角型接合

现代生产中，角型接合的部位包括角牙、角花、牙头等，传统的栽榫接合很少使用，大多采用直角榫舌与榫槽接合的形式，如图6-29所示。

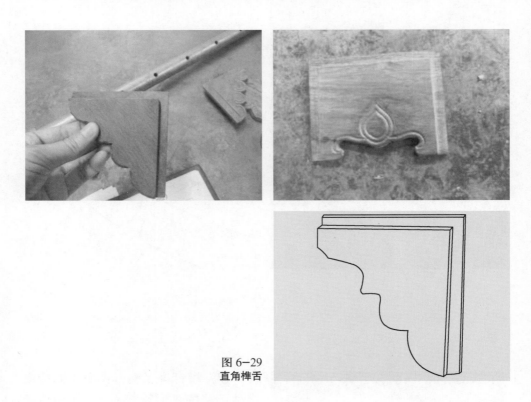

图6-29
直角榫舌

9 X型和米型

X型主要采用传统十字枨的做法，用于柜类和圆台十字框架部位，会使用螺钉辅助加固，如图6-30所示。外表面的十字结构，会在竖材两边各格肩接合两个横材，保证外表美观。由于传统脸盆架等家具不适用现代生活，导致米型枨也很少使用。

10 拆装式

在明清时期，工匠们在制作家具时，就考虑到了家具的组装、涂饰和搬运，所以当时的榫卯结构中，就已经产生了可拆装的榫卯结构。现代生产中，由于大件家具不便于表面磨光和涂饰，以及考虑包装、物流和库存的简易，更加强调家具部件之间的可拆装性。这些可拆装榫卯结构有的沿用传统形式，有的也

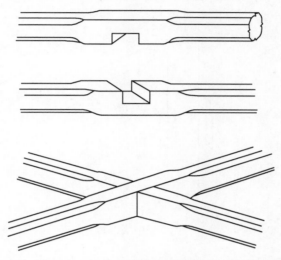

图 6-30　十字枨

根据生产的需要在原来的基础上加以改良，主要的拆装式榫卯形式有：走马销、栽榫、栓榫以及插条榫。

（1）走马销。走马销，是"栽销"的一种，也就是传统的扎榫。榫销外大内小，榫眼的开口半边大半边小，榫销从榫眼开口大的半边插入，推向开口小的半边，就扣紧销牢了。如要拆卸，还必须退回到开口大的半边才能拔出。一般用于大床的床屏和耳朵、罗汉床围子与围子之间及侧面围子与床身之间的接合，如图 6-31 所示。

（2）栽榫。片榫的一端栽进其中一个部件，并且加入胶黏剂固定，另一端在安装时插入另一部件的榫眼内。加工时，片榫需要固定的一端与榫眼紧密配合，活动的一端端头尺寸略小于榫眼，且四周导角，可自由插入，如图 6-32 所示。拆装时，抬起活动端头的拆分体，沿拆装结构方向移动即可拆装。根据拆装方向可以分为左右拆装和上下拆装两种，分类、特点和图示如表 6-5 拆装式栽榫接合所示。

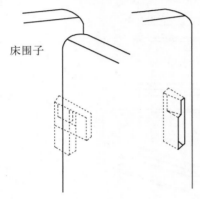

床围子

走马销

走马销

床身抹头

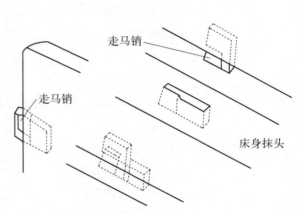

图 6-31　走马销

图 6-32　栽榫

表 6-5　拆装式裁榫接合

分类	特点	图示
左右拆装	左右拆装主要是指拆装的对象是左右结构，裁榫在水平方向上将两者连接起来的一种形式。一般主要用于沙发一人位与两人位，办公台下架左右部件，床屏与耳朵，或者扶手、床围之间的拆装	
上下拆装	主要指拆装的对象是上下结构，裁榫在垂直方向上将两者连接起来的一种形式。一般用于床体的床屏和床身的拆分、柜类和台类的上下架拆分等	

　　（3）栓榫。由于此榫的拆分原理类似于门栓的原理，故命名为栓榫。它由榫体和榫销两部分组成，榫体穿过拆分的两个构件，榫销再插入榫体的榫眼中，使榫体无法左右活动，从而固定住拆分的构件。需要拆分时，将榫销拔出，榫体可抽出拆装构件，即两构件拆分开。栓榫主要用于框架类的两个主体拆装，比如拔步床的围子之间，就用此拆装结构，如图 6-33 所示。

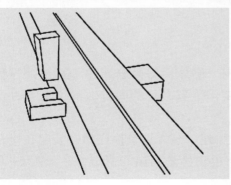

图 6-33　栓榫

还有另外一种形式，只有榫体，简化了榫销，将榫体的榫眼向与拆装构件重合的部位移，上下打一螺钉，使榫体在某一范围内可以水平移动，完成拆装，如图 6-34 所示。

图 6-34　演变的栓榫

（4）插条榫。插条榫，也是"栽榫"的一种，榫体本身是一条长形木条，端面形状一端是矩形，另一端是弧形，矩形端固定在其中一个拆装构件中，弧形端为活动端。拆装过程中，将活动端的构件沿着水平方向移动，即可完成拆装操作。此种结构形式一般用于柜类的箱体之间，水平方向上的拆分，如图 6-35 所示。

11 其他结构

除了榫卯结构外，现代生产中还有一部分用仿榫金属件和钉接合等替代传统的榫卯，这种方法保证结构稳定、节省木材的同时，加工更为方便省时。

（1）仿榫五金件。根据榫卯接合的原理，制作五金件代替，装配在接合部位，比如根据走马销的接合原理，衍生出仿走马销的五金件，如图 6-36 所示。

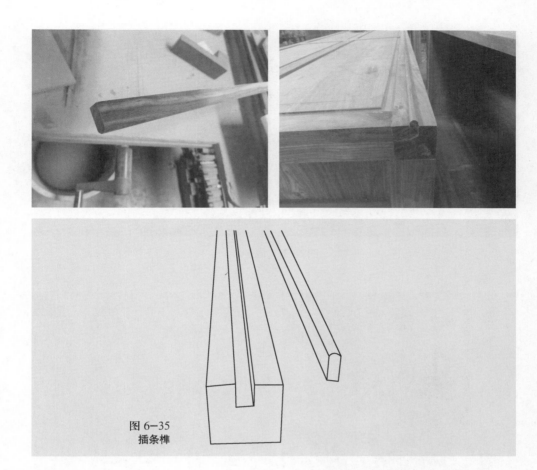

图 6-35
插条榫

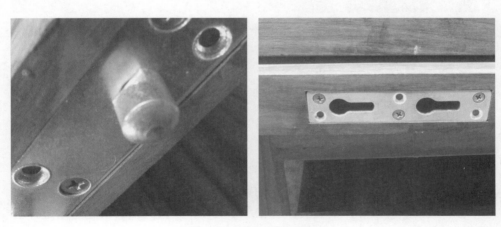

图 6-36　仿走马销五金件

（2）钉接合。有的结构部位不出榫卯，在其中一个部件里面预埋螺钉，与另一构件接合，如图 6-37 所示；或者直接钻入螺钉连接两构件，这种钉接合表面的钻孔会用木塞填补，保持表面整洁，如图 6-38 所示。一般精细的做法会沿用传统榫卯工艺，不会采用这些仿榫五金件或者钉接合。

图 6-37　钉接合

图 6-38　木塞

12 典型部件的结构

（1）抽屉。对于抽屉这样的常规部件，部分生产厂家已经开始尝试标准化生产，将抽屉的结构和用料尺寸标准化，由专门的生产小组进行生产。

抽屉结构爆炸图如图 6-39 所示，面板和侧板 T 型榫接合，侧板与背板梯形榫舌接合，抽屉底板与侧板直角榫舌接合。

（2）面板。面板分为垂直类面板和水平类面板，通用结构类型为攒边打槽和穿带榫形式。垂直类面板图，如柜类、台类的门板，攒边结角榫采用来往榫形式，如图 6-40 所示；水平类面板，如沙发类、椅凳类、桌案类家具的面板，攒边结角榫采用指接榫形式，如图 6-41 所示。

（3）下架腿足。桌案类、柜类等下架腿足的典型做法为，腿足上端出方形榫，与面板接合，裙板与腿足格角接合，压线或者压条两端出槽口卡住抱肩榫中间的直角榫头，如图 6-42 所示。

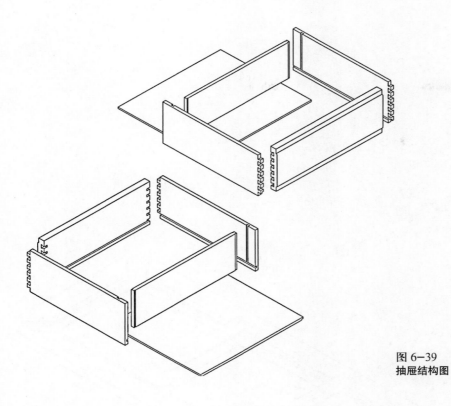

图 6-39
抽屉结构图

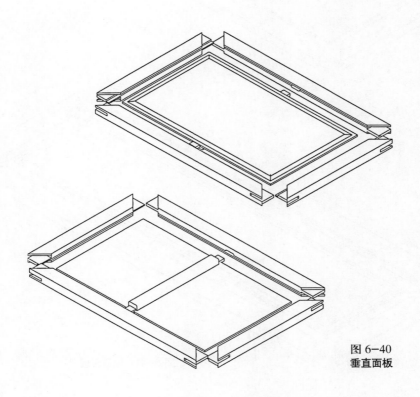

图 6-40
垂直面板

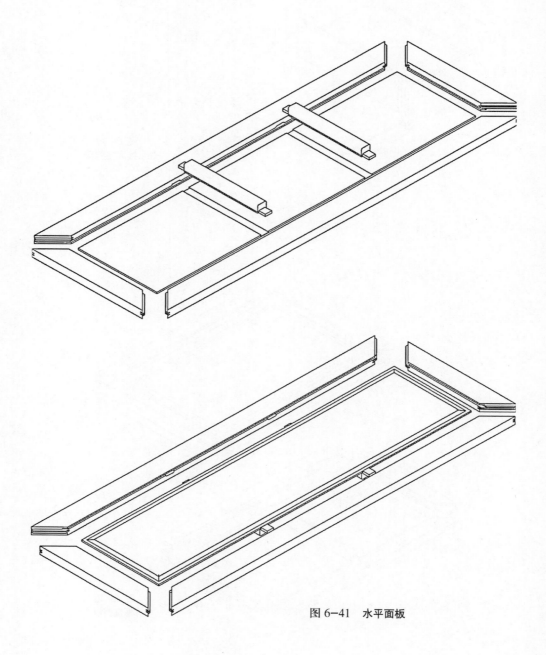

图 6-41　水平面板

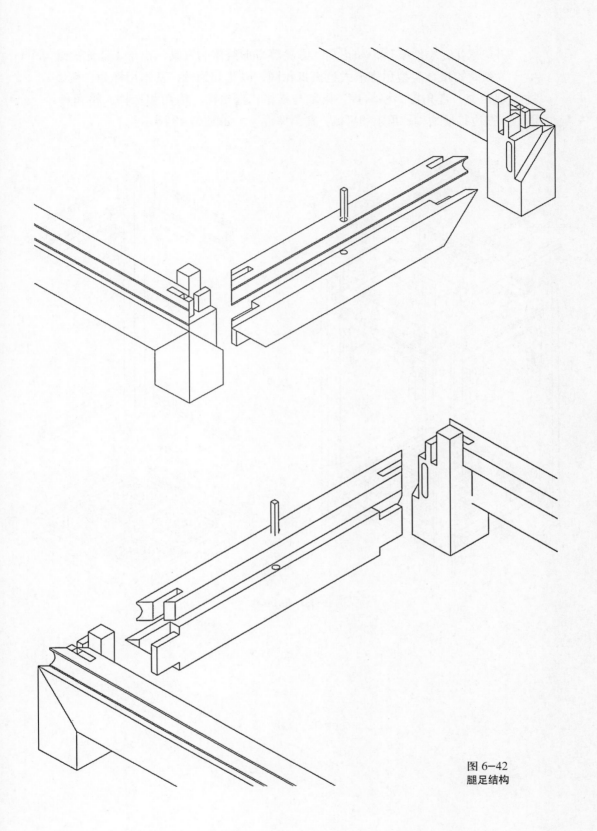

图 6-42
腿足结构

（4）花几。小件家具，如花几、方凳等方形结体的家具，由于工业化批量生产，相同的接合类型用榫形式也大抵相同。以花几为例，基本用榫如，横竖材 T 型相交：直角榫、格肩榫；腿足与横枨：直角榫、格角相抵榫、格角榫；面板：攒边打槽结构；角牙和裙板：直角榫舌等。如图 6-43 所示。

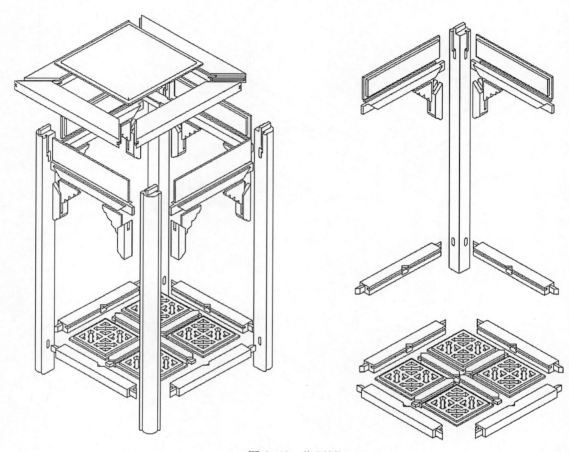

图 6-43　花几结构

现代榫卯加工工具及组装工艺 三

现代红木家具榫卯加工过程中，机械、刀头和钻头代替了传统的锯和凿，所以一定程度上也推动了榫卯形式的标准化和演变，同时组装时的辅助夹具和胶水的使用也对榫卯形式有一定的影响。

1 现代榫卯加工工具

榫卯的加工工具分别从设备、钻头、刀头和锯片三方面阐述榫头和榫眼的加工过程。

（1）设备。加工榫头的设备主要有锯片出榫机、梳齿开榫机、立轴铣床等，锯片出榫机更换刀头或者锯片加工直角榫、指形榫等，梳齿开榫机开指形榫，立轴铣床通过更换不同刀头可加工飘肩榫、梯形榫、穿带榫等。

加工榫眼的设备主要有立式榫槽机、卧式榫槽机等。立式榫槽机钻头在垂直方向，从上下左右方向对榫眼进行加工，如图 6-44 所示；卧式榫槽机钻头在水平方向，从前后左右方向对榫眼进行加工，如图 6-45 所示。

图 6-44　立式榫槽机

图 6-45　卧式榫槽机

（2）钻头。传统榫眼凿成方形，现代生产中椭圆榫眼代替了传统的方形榫，因为椭圆榫眼方便加工，同时不容易磨损刀头，形成角点应力引起木材劈裂，也有少数尺寸小的构件还采用方形榫。椭圆榫眼有两种形式的钻头，如图 6-46 所示；方形榫眼的钻头，如图 6-47 所示。

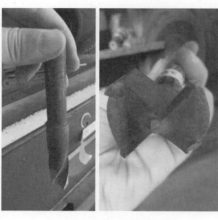

图 6-46　圆形钻头

图 6-47　方形钻头

（3）刀头和锯片。片锯出榫机、立轴铣床等通过更换刀头和锯片就可以开出各种形式的榫头和榫槽，通过调整刀头的大小加工不同尺寸的榫头，调整锯片的厚度改变锯路尺寸。典型的铣榫刀头有：穿带榫刀头、格肩榫刀头、梯形榫刀头、齐肩榫刀头、飘肩榫刀头、锯片等，分别如图 6-48、图 6-49、图 6-50、图 6-51、图 6-52 和图 6-53 所示。

图 6-48　穿带榫刀头

图 6-49　格肩榫刀头

图 6-50　梯形榫刀头

图 6-51　齐肩榫刀头

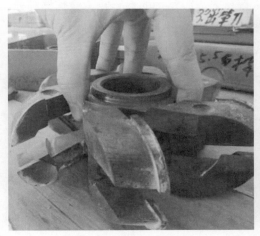

图 6-52　飘肩榫刀头

图 6-53　锯片

2 榫卯组装

一般榫卯装配过程如图 6-54 所示。

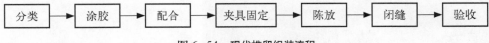

分类 → 涂胶 → 配合 → 夹具固定 → 陈放 → 闭缝 → 验收

图 6-54　现代榫卯组装流程

（1）分类。生产时，零部件都是批量加工的，组装前需要将一件家具各部件归类放在一起，所以装配前需要先将部件分类摆放，如图 6-55 所示。

（2）施胶。现代生产装配过程中使用的胶黏剂主要有专用于红木树种的聚氨酯胶、乳白胶、502 胶等。聚氨酯胶胶粘强度高、耐候性和耐水性好，常用于拼板和榫卯接合；乳白胶固化时间长，胶粘强度没有前者好，遇水易脱落，用于短时间胶粘，比如椅类坐面板边框先用乳白胶配合后，开孔，再拆开与后腿装配；502 胶用于细缝等小缺陷修补。榫卯装配时，先在榫头和榫眼涂胶，再装配，如图 6-56 所示。

（3）配合。榫眼和榫头施完胶，用木锤轻轻将榫头敲入榫眼中，如图 6-57 所示。

（4）夹具固定。家具主体装配好后，用夹具固定关键结合部位，一般如沙发的靠背与面板、扶手与面板、下架腿足等，如图 6-58 所示。通常如果组装时间长，等组装后再固定，胶黏剂已经固化，所以有时候某一独立部件或部位组装完成后，就用夹具固定，比如柜类面板、沙发类靠背。

（5）陈放、闭缝和验收。固定好后需要陈放 4~6 个小时，期间对接合处的细缝等小缺陷进行修补，修补材料为木料粉末与胶黏剂的混合物，涂抹缝隙处。胶黏剂固化稳定后，可验收入库，如图 6-59 和图 6-60 所示。

图 6-55　分类

图 6-56　涂胶

图 6-57　配合

图 6-58　夹具固定

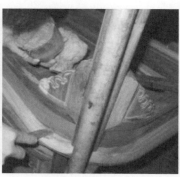

图 6-59　闭缝

图 6-60　成品

四　榫卯结构未来的发展趋势

目前，学界对于传统榫卯结构现代化转化的探索集中于两个方面，一是对传统榫卯结构文化意象的应用，二为现代材料替换。

（1）文化意象。在文化意象应用方面，随着人们对中国文化的热爱与追求逐渐升温，榫卯结构作为中国文化的一个隐性符号而被广泛应用。如台湾设计师洪达仁的守柔系列，通过使用传统的裹腿做法，使作品呈现了一种中国文化意在言外的神韵。

在学界系统论述这一方法的则是庄宗勋在《以传统建筑之构造形式探讨文化因素在产品设计上的运用——以榫卯接合为例》（2007）文中，将传统木构建筑构架的榫卯接合形式作为探讨文化因素的目标，通过材料搜集确立基本的构件样本和意象形容词汇，通过问卷调研与统计归纳分析获知榫卯接合样本的意向认知，再以此成分因素进而分析受测者与样本的意向属性区隔，并进行文化设计的准则归纳与元素萃取，最后经实际设计案例将文化因素导入家居用品的设计，将设计的结果加以验证，以评估设计转化与运用的达成效果（图6-61）。

在2014年大数据背景下，孙勇通过对实木家具榫卯的装配动画演示，27种榫卯三维模型环形排列，滑动可选择任意一款榫卯，点开可查看连接动画，

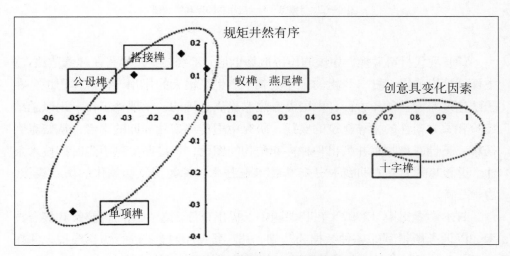

图6-61　榫卯接合形式作为文化因素的探讨

双指放大缩小。应用还同时介绍了加工所用的工具，历史以及木头品种。这款榫卯 App 作为 iPhone 教育应用，以一种全新的方式为我们记忆榫卯工艺，并赋予原来冰冷的技术以人文温度。目前，大多数传统家具企业也通过动画等多媒体形式来演示家具装配，形象地阐释了家具各部分的榫卯结构。如中央美术学院彦风副教授带领团队通过交互设计，以具代表性的几件明清家具为例，其中也从榫卯方面进行了深入剖析，从而开发出 App 应用（图 6-62）。

图 6-62　"榫卯" App 应用中的家具拆装图

（2）现代材料替换。中国的传统造物史是一部经验史。尽管在《营造法式》上详细列出的以"材"为祖的"模数制"产生了很大的作用，但总体上说，在传统建筑与家具制作方面，中国没有注意建立正确的科学理论工作，用以总结经验和做方向性的指导建筑的实践。研究中国传统家具榫卯的学者，从艾克到杨耀、王世襄虽收集并列出种种榫卯结构的图例，但终归受制于当时的技术条件，并没有对传统榫卯结构进行虚拟装配技术，探讨三维数据化的仿真模拟、力学分析。

日本学者田中（2007）在其课题中，提出全面测绘中国的传统家具接合技术，以调查所得到的各种数据为基础，用三维 CAD 技术进行仿真模拟，并探讨用其他材料替代接合部件的可能，从而探索传统技术与现代技术的融合性。

在现实家具制造业生产中，五金件和 3D 打印技术不免对榫卯工艺造成了一些冲击，如图 6-63，来自米兰的 Studio Minale-Maeda 正使用 3D 打印技术改变家具的组装方式。

部分家具工厂时兴将许多非天然木材的物质用于仿实木材质家具的生产，直接注塑的方法就将家具构件生产出来了，最后在表面上做仿木材纹理，这种已使用了几十年的胶木家具生产方法远比 3D 打印技术实用。

图 6-63　3D 打印技术下家具的组装方式

传统榫卯结构对家具有着自身力学补偿性能，由于 3D 打印出来的承受力与混合物材料有关，承受载荷时进行实验证明。一方面，3D 打印破坏了木头的文化意味，使得榫卯结构的传承和创新具有了紧迫感；从另一方面讲，使用 3D 打印技术来生产各种家具模型，用于展示用途的家具样板模型，可使 3D 打印技术发挥其本身的优势。

传统榫卯结构是一种集文化特征、科学理性于一体的传统工艺，它隐藏在外表造型之内，蕴含着不为我们所知的寓意与技术内涵。在提倡地域传统工艺振兴的背景下，我们有必要在对其进行搜集、数字化留存的同时，重新审视传统的榫卯结构及以新的视角进行现代的转化，为传统榫卯工艺注入创新的活力。

中国传统家具
榫卯结构

附　录

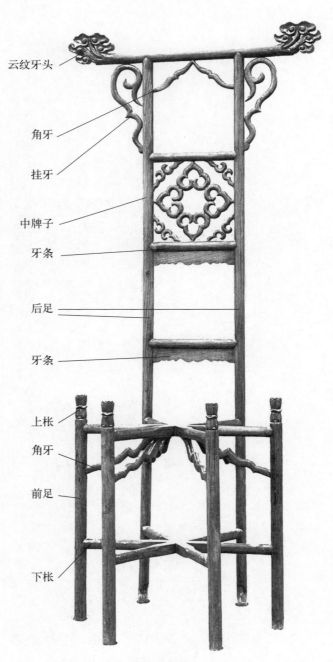

云纹牙头

角牙

挂牙

中牌子

牙条

后足

牙条

上枨

角牙

前足

下枨

明　黄花梨盆架

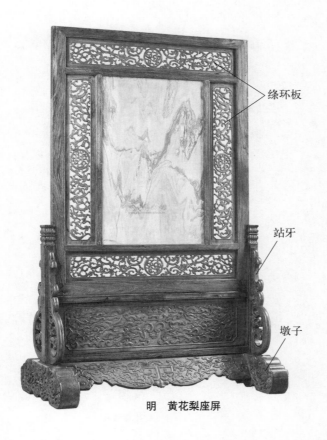

绦环板

站牙

墩子

明　黄花梨座屏

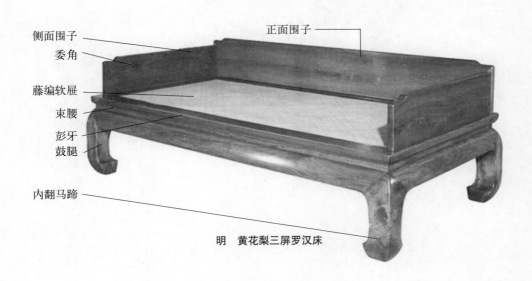

侧面围子

委角

藤编软屉

束腰

彭牙

鼓腿

内翻马蹄

正面围子

明　黄花梨三屏罗汉床

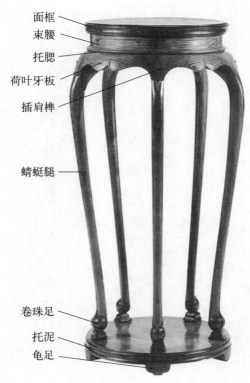

面框
束腰
托腮
荷叶牙板
插肩榫

蜻蜓腿

卷珠足
托泥
龟足

明　黄花梨香几

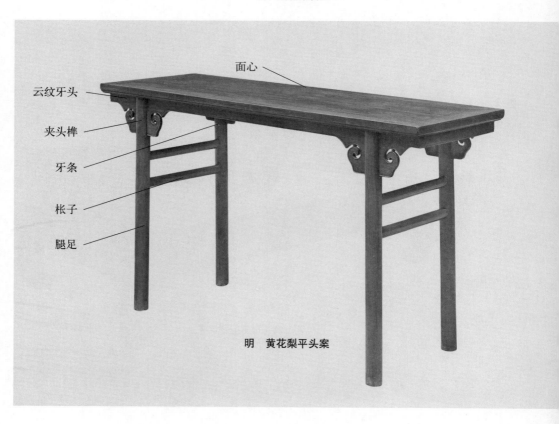

面心

云纹牙头
夹头榫
牙条
帐子
腿足

明　黄花梨平头案

垛边

圆包圆

劈料做

明　黄花梨条桌

附录

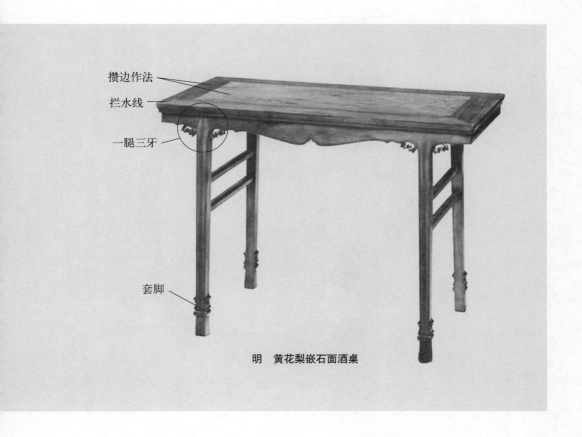

攒边作法

拦水线

一腿三牙

套脚

明　黄花梨嵌石面酒桌

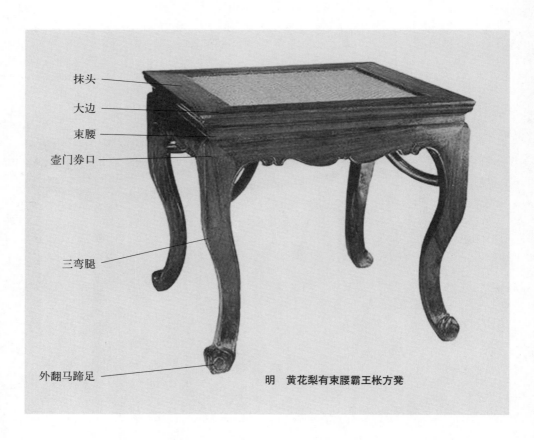

抹头
大边
束腰
壶门券口
三弯腿
外翻马蹄足

明　黄花梨有束腰霸王枨方凳

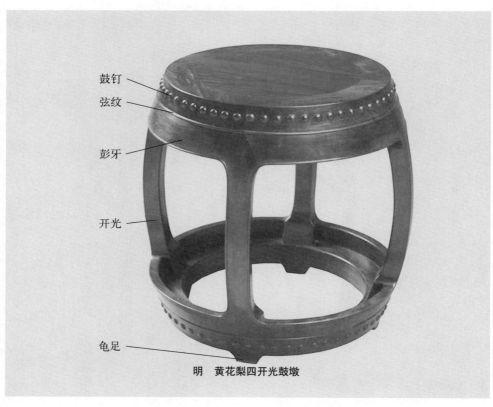

鼓钉
弦纹
彭牙
开光
龟足

明　黄花梨四开光鼓墩

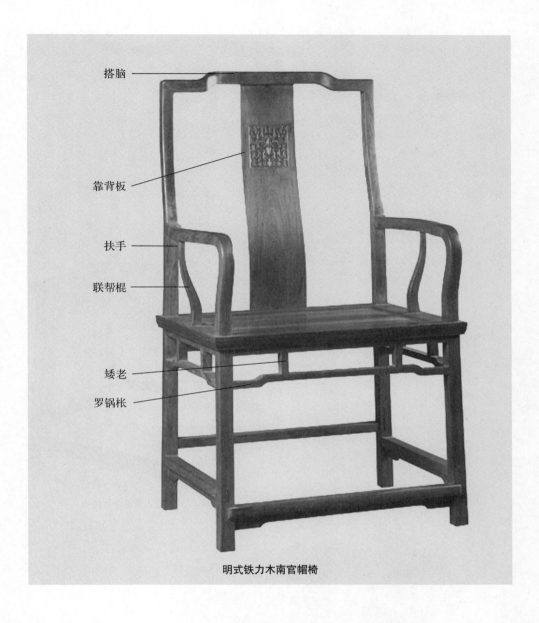

搭脑

靠背板

扶手

联帮棍

矮老

罗锅枨

明式铁力木南官帽椅

附

录

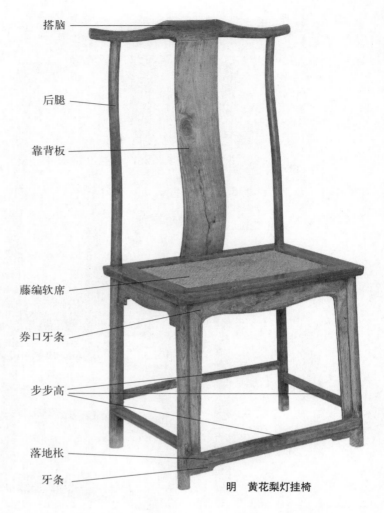

搭脑

后腿

靠背板

藤编软席

券口牙条

步步高

落地枨

牙条

明　黄花梨灯挂椅

面页

拍子

拉手

吊牌

合页

明　黄花梨官皮箱

【几案】 人们常把几、案并称，是因为二者在形式和用途上难以划出截然不同的界限。几是古代人们坐时倚凭的家具，案是人们进食、读书写字时使用的家具，其形式早已具备，而几案的名称则是后来才有的。关于几和案的实物，从考古发掘情况看，自战国至汉魏的墓葬中，几乎每座都有出土，有铜器、漆器、陶器等多种质地。

从种类上来分，案的种类有食案、书案、奏案、毡案、欹案。几的种类有宴几、凭几、炕几、香几、蝶几、花几、茶几、案头几。几案的样式之多，且又各有各的用途，在厅堂殿阁的布置上，和其他家具一样，也各有其特定的规范。

【椅凳】 我国古代椅子出现在汉代，它的前身是汉代北方传入的胡床，发展到南北朝时期，已为常见之物。唐以后，椅子才从胡床的名称中分离出来，直呼为椅子。

宋代椅子更为普遍。在宫廷中，所使用的椅子都是极为华丽的。宋代帝后像中描绘的椅子都有用彩漆描绘的花纹，结构也趋于合理。

宋代还流行一种圈背交椅。交椅又名"太师椅"，在家具种类中，也是唯一的以官衔命名的椅子。所谓交椅，是指前后两腿交叉，交接点作轴，可以折叠的椅子。北方民族最先使用，其特点十分适合游牧生活的需要。

交椅在元代家具中地位较高，只有地位较高和有钱有势的人家才有，大多设在厅堂供主客享用，妇女和下人只能坐圆板凳和马扎。

到了明代，椅子的形式已很多，如宝座、交椅、圈椅、官帽椅、靠背椅、玫瑰椅等。

【凳】 最早并不是我们今天坐的凳子，而是专指蹬具，相当于脚踏。它成为坐具，也是汉代以后的事。凳的形式有方、圆两种，凳面的板心，也有许多花样，有影木心者，有各种硬木心者，有木框漆心者，还有藤心、大理石心者。宋代以后，用材及工艺都很讲究。

【床榻】 我国床的历史很早，传说神农氏发明床，少昊始作簧床，吕望作榻。有关床的实物当以河南信阳长台关出土的战国彩漆床为代表。汉代刘熙《释名·床篇》云:"床,自装载也","人所坐卧曰床"。当时的床包括两个含义,既是坐具,又是卧具。西汉后期,又出现了"榻"这个名称,它是专指坐具的。《释名》说:"长狭而卑者曰榻","榻,言其体,榻然近地也,小者田独坐,主人无二,独所坐也"。榻是床的一种,除了比一般的卧具矮小外,别无大的差别,所以习惯上总是床榻并称。

直到六朝以后的床榻,开始打破了传统习惯,出现了高足坐卧具,此时的床榻,形体都较宽大。唐宋时期的床榻大多无围子,所以又有"四面床"的称呼,使用这种无围栏的床榻,一般是须使用凭几或直几作为辅助家具。

辽、金、元时期,三面或四面围栏床榻开始出现,做工及用材都较前代更好。到了明代,这种床榻已盛行,结构更具科学性,装饰手法达到了很高的工艺水平。如:

1. 架子床:通常的做法是四角安立柱,床顶安盖,俗谓"承尘",顶盖四围装楣板和倒挂牙子。床面的两侧和后面装有围栏,多用小块木料做榫拼接成多种几何纹样。因为床有顶架,故名架子床。

2. 拔步床:其外形好像把架子床安放在一个木制平台上,平台长出床的前沿二、三尺,平台四角立柱镶以木制围栏。还有的在两边安上窗户,使床前形成一个小廊子,廊子两侧放些桌凳小家具,用以放置杂物。拔步床虽在室内使用,却很像一幢独立的小屋子。

3. 罗汉床:它的左右和后面装有围栏,但不带床架,围栏多用小木做榫攒接而成。最简单的用三块整木板做成。围栏两端做出阶梯型软圆角,既朴实又典雅。

清代床榻在康熙以前大体保留了明代的风格和特点,乾隆以后发生了很大变化,形成了独特的清代风格。其特点是用材厚重、装饰华丽,以致志向繁缛奢靡,造作俗气。

【箱柜】箱柜的使用,大约起始于夏商周三代。

古代的柜,并非我们今天所见的柜,倒很像我们今天所见到的箱子,而古代的箱却是指车内存放东西的地方。古代还有"匣"这个名称,形式与柜无大区别,只是比柜小些。汉代才有了箱子这个名称,器物则与战国前的柜子相同,多用于存贮衣被,称巾箱或衣箱,形体较大,是具备多种用途的家具。

【厨】这个名称,它是一种前开门的具有多种用途的家具,可供存贮书籍、衣被、食品等物。唐代以后至明代,箱柜的形式无大变化,箱匣类大多做成盝顶盖,棱角处多以铜叶或铁叶包镶。明代是中国传统家具的黄金时代,柜橱类家具也丰富多彩。

1. 闷户橱:形体与桌案相仿,面下安抽屉,两屉称连二橱,三屉称连三橱。

大体还是桌案的形式，只是使用功能上较桌案发展了一步。

2. 柜橱：是一种柜和橱两种功能兼而有之的家具，形体不大，高度近乎桌案，柜面可做桌子用。

3. 顶竖柜：是一种组合式家具，在一个立柜的顶上另放一节小柜，小柜长宽与下面立柜相同。

4. 亮格柜：是书房内常用的家具，通常下部做成柜子，上部做成亮格，下部用以存放书籍，上部存放古玩。

总之，箱柜也和其他家具一样，因用途不同而制法多异。人们在日常生活中根据需要不断总结经验，使之既美观又实用。

【屏风】屏风的使用在西周早期就已开始，称之为"扆"。最初是为了挡风和遮蔽之用，后来不断发展，品种趋于多样化，不仅有高大的屏风，也有小型的屏风，也有较小的床屏、枕屏；有专用的，也有纯装饰性的陈设品。屏和榻的结合形成了一个家具新品种。汉代屏风榻有单扇、有双扇，榻上设帐，帐沿有坠饰，富丽而典雅。

汉唐时期，几乎有钱人家都使用屏风，其形式也较前代有所增加，由原来的独扇屏发展为多扇屏拼合的曲屏，可叠，可开合。汉代以前屏风多为木板上漆，加以彩绘，自从造纸术发明以来，多为纸糊。屏风的种类有地屏风、床上屏风、梳头屏风、灯屏风等。而若以质地分则更多，如玉屏风、雕镂屏风、琉璃屏风、云母屏风、绨素屏风、书画屏风等等，不一而足。明代以后出现了挂屏，已脱离了屏风的实用性，成为纯粹的装饰品。

【瘿木】亦称影木，"影木"之名系指木质纹理特征，并不专指某一种木材。据现在北京匠师们讲，有楠木影（或作瘿）、桦木影、花梨木影、榆木影等。

《博物要览》介绍花梨木产品时提到："亦有花纹成山水人物鸟兽者，名花梨影木焉。"我国辽东、山西、四川等地均有生产。《博物要览》卷十云："影木产西川溪涧，树身及枝叶如楠。年历久远者，可合抱，木理多节，缩蹙成山水人物鸟兽之纹。"书中还提到《博物要览》一书的作者谷应泰曾于重庆余子安家中见一桌面，长一丈一尺，阔二尺七寸，厚二寸许，满面胡花，花中结小细葡萄纹及茎叶之状，名"满架葡萄"。

《新增格古要论》中有骰柏楠一条云："骰柏楠木出西蜀马湖府，纹理纵横不直，中有山水人物等花者价高。四川亦难得，又谓骰子柏楠。今俗云斗柏楠。"按《博物要览》所说瘿（影）木产地、树身、枝叶及纹理特征与骰柏楠木相符，估计两者为同一树种。

《古玩指南》中提到："桦木产辽东，木质不贵，其皮可用包弓。惟桦多生瘿结，俗谓之桦木包。取之锯为横面，花纹奇丽，多用之制为桌面、柜面等，是为桦木影。"

影木的取材，据《新增格古要论》骰柏楠条和《博物要览》影木条介绍，似乎取自树干，把其木纹形态描绘为"满架葡萄"。而《新增格古要论》"满架葡萄"条中记载："近产岁部员外叙州府何史训送桌面是满面葡萄尤妙。其纹脉无间处云是老树千年根也。"我们现在还时常听到老师傅们把这种影木称为桦木根、楠木根等。可知影木大多取自树木的根部，取自树干部位的当为少数。

取自树干部位的多取树之瘿瘤，为树木生病所致，故数量稀少。瘿木又可分南瘿、北瘿。南方多枫树瘿，北方多榆木瘿。南瘿多蟠屈奇特，北瘿则大而多。《格古要论·异木论》瘿木条载："瘿木出辽东、山西，树之瘿有桦树瘿，花细可爱，少有大者；柏树瘿，花大而粗，盖树之生瘤者也。国北有瘿子木，多是杨柳木，有纹而坚硬，好做马鞍轿子。"

这里所说的影木和瘿木，取材部位不同，树种也不一样，但纹理特征却大体一致，制成器物后很难区分，以致人们往往把影木和瘿木混称，有的通称影木，有的通称瘿木。由于瘿木比其他材料更为难得，所以大都用作面料，四周以其他硬木镶边。世人所见影木家具大致如此。

【魔术】将一件损坏了的、很脏的、松开了的或畸形的家具，恢复到它原来的面目、完整的形状并给予一个崭新的生命，这整个过程就叫作魔术。这不仅需要用心去理解，还需要由世代相传的一流手艺。这是古董家具的精髓所在。

【开门】成语"开门见山"的腰斩，用来评价一件无可争议的真货。也有呼作"大开门"的，那就更富江湖气了。

【爬山】原来用于评价修补过的老字画，过去旧货行的人将没有落款或小名头的老画挖去一部分，然后补上名字的题款，冒充名人真品。而在老家具行业，特指修补过的老家具。

【叉帮车】就是将几件不完整的家具拼装成一件。此举难度较大，须用同样材质的家具拼凑，而且还要照顾到家具的风格，否则内行一眼就能看破。

【生辣】指老家具所具有的较好的成色。

【包浆】老家具表面因长久使用而留下的痕迹，因为有汗渍渗透和手掌的不断抚摸，木质表面会泛起一层温润的光泽。

【皮壳】特指老家具原有的漆皮。家具在长期使用过程中，木材、漆面与空气、水分等自然环境亲密接触，被慢慢风化，原有的漆面产生了温润如玉的包浆，还有漆面皲裂的效果。

【做旧】用新木材或老料做成仿老家具，以及在新家具上做出使用痕迹，以鱼目混珠。

【年纪】老家具的年份。

【吃药】指买进假货。

【掉五门】这是苏作木匠对家具制作精细程度的赞美之语。比如椅子或凳子，在做完之后，将同样的几只置于地面上顺序移动，其脚印的大小、腿与腿之间的距离，不差分毫。这种尺寸大小相同、只只脚印相合的情况，就叫"掉五门"。掉五门可以说是对古典家具精工细作的最好评价。

【后加彩】指在漆面严重褪色的老家具上重新描金绘彩，一般多用于描金柜。

【蚂蟥工】特指家具表面的浅浮雕。因浅浮雕的凸出部分呈半圆状，形似蚂蟥爬行在木器表面，故得此名。

【玉器工】特指家具表面的浅浮雕参照了汉代玉器的纹饰和工艺，在硬木家具上比较多见。

【坑子货】指做得不好或材质有问题的家具，有时也指新仿的家具和收进后好几年也脱不了手的货色。

【叫行】同行间的生意，也称敲榔头。

【洋庄】做外国人的生意。

【本庄】做国内人的生意。

【鼓腿膨牙】指家具的腿部从束腰处膨出，然后向后内收，顺势作成弧形，足部多作内翻马蹄形。

【三弯腿】将桌类家具的腿柱上段与下段过渡处向里挖成弯折状，弯腿家具的足部多为内翻马蹄形。

【膛落】指闷户柜、圆角柜等家具抽屉或门下面的空间，因不易被发现，可用于存放一些比较贵重的物品。

【束腰】指在家具面沿下作一道向内收缩、长度小于面沿和牙条的腰线。束腰有高束腰和低束腰之分，束腰线也有直束腰和打洼束腰之分。束腰家具是明式家具的重要特征。

【托泥】指家具的腿足之下另有木框或垫木承托，可以防止家具腿受潮腐朽，这一木框或垫木就是托泥。供桌和月牙桌一般会有托泥。

【硬屉与软屉】硬屉指家具椅面、榻面用木板镶作，软屉则指用藤面编制成面芯。

【挤楔】楔是一种一头宽厚、一头窄薄的三角型木片，将其打入榫卯之间，使二者结合严密。榫卯结合时，榫的尺寸要小于眼，二者之间的缝隙则须由挤楔备严，以使之坚固。挤楔兼有调整部件相关位置的作用。

【抱肩榫】指有束腰家具的腿足与束腰、牙条相结合时所用的榫卯。从外形看，此榫的断面是半个银锭形的挂销，与开牙条背面的槽口套挂，从而使束腰及牙条结实稳定。

【夹头榫】这是案形结体家具常用的一种榫卯结构。四只足腿在顶端出榫，与案面底的卯眼相对拢。腿足的上端开口，嵌夹牙条及牙头，使外观腿足高出牙条及牙头之上。这种结构能使四只足腿将牙条夹住，并连结成方框，能使案面和足腿的角度不易改变，使四足均匀地分担案面重量。

【插肩榫】也是案类家具常用的一种榫卯结构。虽然外观与夹头榫不同，但结构实质是相似的，也是足腿顶端出榫，与案面底的卯眼相对拢，上部也开口，嵌夹牙条。但足腿上端外部削出斜肩，牙条与足腿相交处剔出槽口，使牙条与足腿拍合时，将腿足的斜肩嵌夹，形成表面的平齐。此榫的优点是牙条受重下压后，与足腿的斜肩咬合得更紧密。

【罗锅枨】也叫桥梁枨。一般用于桌、椅类家具之下连接腿柱的横枨，因为中间高拱、两头低，形似罗锅而命名。

【霸王枨】霸王枨上端托着桌面的穿带，并用梢钉固定，其下端则与足腿靠上的部分结合在一起。榫头是榫眼下部口大处插入，然后向上一推就挂在一起了。"霸王"之寓意，就是指这种结构异常坚固，能支撑整件家具。